好日日記 季節のように生きる

日日有好事

[日] 森下典子 著 熊韵 译

中国友谊出版公司

前言

在我还是个小学生的时候，每到暑假临近尾声，都会因为担心没完成的作业而无法尽情玩耍。

成年后至今，也总是惦记着尚未完成的工作。

无法顺利转换情绪。这种性格长久以来都令我备受束缚。这样的我，还偏偏选择了一个工作与私生活界限不明的职业……

老家那栋六十年建龄的木造两层建筑的二楼，就是我工作的地方。我在那里对着笔记本电脑工作至深夜，撰写随笔。

“真好啊——在自己家里工作什么的，就可以按自己的喜好分配时间了吧。像我这样的人，每天都要挤在满满当当的电车里上下班呢。通勤时间简直是对人生的巨大浪费！”

曾有在公司上班的同级生这样对我说。但事实却相反，对我而言，与其说是“在自己家里上班”，不如说是“在工作室生活”。

三十多岁的时候，我常常被传真机那种“嘎叽嘎叽”的声音吵醒。从被窝里爬出来，一边揉着还没睡醒的眼睛，一边阅读传真过来的纸张。上面写着：

“初校完成了。请您过目。”

也有正在吃饭时接到工作电话的情况。

“关于之前的稿子，有点问题……”

遇上这样的情形，就不可能再继续进食了。当对方说到第几页的哪个表达难以理解，希望就这部分再多写一点的时候，我便立即跑上二楼，开始在电脑前工作。

这样的生活持续了四十多年。我虽不像公司职员那样有明确的劳动时间，却也时常委婉地被工作所束缚。不对，该说是自己将自己束缚了起来。再加上我是那种不擅长转换情绪的性格。

自由职业者中，为了将工作与私生活区分开来而在外面租借工作室往返其间的人不少。其中还有人把家搬到南方的小岛上，在东京中心租借公寓作为工作室，周末乘飞机往返两地。

我的经济条件不足以在外租借工作室，更别提往返于南方岛屿了。

但我拥有每周一次从工作与日常各种琐事中抽身的时间。

那就是茶道课。

因母亲半是强迫地推荐而开始上茶道课，是在我二十岁的初夏。那时我还是学生，工作和人生都正要开始。

“茶道之类的太古板了。”

当初丝毫提不起兴趣去的地方，至今我已往返了四十年以上。

武田老师的家，在离我家走路只需十分钟的地方。回想起来，那十分钟的路途，我总是满怀思绪地走着，思考工作中的不如意、人际关系的烦恼、对未来的不安、父母和家庭问题、被他人言语中伤之事，等等。

因为一些琐碎之事而情绪低落，无法宽慰为此伤心的自己，即使这样也要活下去，想着这些，我一面叹气，一面走进老师家的门。

接着……

潺潺的流水声自远处传来。

咔啦咔啦地打开玄关的推拉门。

就在那一刻，炭的气味迅速钻入鼻尖。那是一种类似篝火、略微有些呛人的洁净气味。

从那一瞬间起，我心中有什么开始一点一点改变了。

洒过水的三合土地面整齐地摆放着一双双鞋子。茶道课已经开始了。我在紧邻玄关的房间里整理好着装，穿上白色的袜子。

穿过檐廊[1]在尽头处坐下，庭院里有清洁双手的蹲踞[2]。

竹制的引水筒一端，水流潺潺而下，洗手盆水面的波纹如同心圆般扩散开去。听着这水声，脑海中纠缠打结的细线全都顺利地解开了。

老师正坐[3]于走廊，以长柄勺汲水清洁手与口。

啪嗒一声，从洗手盆洒落脚边的水让蕨类植物摇晃起来，毛毡般覆盖庭石表面的苔藓在饱含水汽的湿润绿意中更显深邃。

打开茶道教室的纸门，将扇子放于膝前，两手触地低头一礼。

“您好。抱歉迟到了。”

---

1. 檐廊：日式建筑中位于主客厅外铺着木地板的长廊。——本书注释皆为译注。
2. 蹲踞（つくばい）：设置在茶庭之中，在进入茶室前清洁手口时使用的位置较低的石造洗手盆。使用时需要蹲下身子，故名“蹲踞”。
3. 正坐：双膝并拢、端正得体的跪坐姿态。

茶筅在茶碗中振动的声音传来。

“欢迎。现在正好要开始点茶呢。请入座。”

老师答道。

“是。”

我保持正坐姿势，膝行加入其中，抬起头时，壁龛处的挂轴一下子闯入眼帘。

（啊……已经是这个季节了呀……）

接着不由自主地放松了表情。

目光移至壁龛处的柱子，花瓶里插了一朵歪着头楚楚绽放的野花。那朵花背后是原野的风。

“来，快拿果子[1]吧。”

“承蒙招待。”

望着眼前果子盒里并排放着的微小宇宙，我深吸一口气。

（啊，原来如此……）

沾湿叶子的朝露。倒映水面的月亮。花瓣和碎冰片……刚好能用手心包住的小小果子令人回想起季节的细微之处。

---

1. 果子：点心、糕点。本书中皆指日式点心。因后文中出现了果子的类别，故保留该称呼以便理解和区分。

"承蒙招待。"

我恭敬地接过茶碗，缓缓将嘴唇覆上那苔藓般深邃的绿色。抹茶的香气涌入鼻子，清爽的苦味与幽深的甜味在口腔里扩散。

伴着"咻"的一声饮尽茶汤[1]，抬起头来，似有绿色的风"唰"地穿过身体。

"呼——"

心情变好，从体内吐出长长一口气。举目而望，前方所见的庭院里，椿花的叶子像被雨水冲洗过似的闪闪发光。

（哇，好漂亮……）

那一刻，无论是惦念的工作、对未来的不安，还是今天回家后不得不做的事情，都从我脑海中消失了。

烦恼之事并未解决，现实也未曾改变，仍在那里。……然而那一刻，我从日常之中抽离，进入了"另一种时间"里。

无论我多么努力，也无法将点茶做到完美。不过，顺利滑入"另一种时间"的技巧却在不知不觉间变熟练了。

---

1. 在茶道的礼仪中，客人饮茶至最后，茶碗内残留的茶汤与泡沫须在一口吸入的同时发出短促的声响。

将精力集中于点茶时，我会进入更加浓郁的时间里。连指尖细微的动作也会加以注意（变美味吧，变美味吧），如此用心于每一碗抹茶。接着，内部便会有奇妙的事发生。

是某种脑组织导致的吗？遥远的儿童时代的回忆、早已忘却的琐碎记忆出人意料地在脑海中苏醒过来。那与其说是某件事情，不如说是感觉的断片。

某一天飘荡在街角的味道、晚霞时云的颜色、当时收音机里播放的旋律，以及那一瞬间胸中涌起的情绪……那种五感的记忆与情绪，会在点茶进入高潮阶段时忽然出现，而后消失。

那种时候，就像小猫从背后靠近似的，有谁来到了我的身旁。我不由自主地对她微笑，并在心里与之对话。

（没错没错，这样说来，确实有过那样的事呢。）

（你已经忘记了吧。）

（是啊，就在刚才想起来啦。）

我究竟，是在和谁对话呢？

从以前就熟知的，某个亲近之人。

……莫非，那就是我自己吗？

学习茶道四十年……我如今仍旧每周去上一次茶道课。

武田老师和我刚开始学习茶道时并无差别，现在依然是用那种干脆利落、口齿清晰的方式说话。

但她不再像四十岁时候那样丰满如白绸年糕，如今背弯了，体格缩水了。

视力也下降了。

“脸模模糊糊的，认不出是谁。”她说。

即便如此，上课的时候，她还是很清楚我们的动作。

“你刚才忘了一个步骤吧？”

“啊，老师，您看到了吗？”

“那当然。呵呵呵，因为结束得太快了嘛。”

虽然年龄在增长，但老师对茶道的热情却未衰减。长年陪伴在她身旁的丈夫去世后，我们担心地说：

“老师，茶道课先停一段时间吧。”

她却劈头盖脸地道：

“停不停是由我来决定的！”之后几乎没有停过课。

迎来八十岁以前，她开始坐立不便，有时会嘟囔着：

“啊，我还能活多久呢。你们也赶紧考虑以后的事吧。”

即使如此，她依然很健康，我们便继续赖着她，哪怕她说了那样的话，也认为她会永远出现在我们面前，不时批评我们两句。

那件事发生在春日正盛的时节，在为我们讲解正式茶会（茶事）的怀石料理时，手持托盘想站起身来的老师怎么也站不起来。

待终于站起来的时候，她苦笑着说："啊，这大概是我最后一次上课了吧。"看着她，我心底忽地生出一丝怅然。

武田老师在自己家中摔倒造成骨折，是在她刚满八十岁那年的秋天。

住院一个半月以后，老师虽然回到了自己家，却再也无法像从前那样正坐或一站一坐了。

第二年的初釜[1]之日，拄着拐杖出现在我们眼前的老师说：

"我的日子也快到头了。请大家尽早找到另一位老师，去开拓新的未来吧。"

大家都静静地倾听着，但最后无一人遵从。

后来，老师的复健起了作用，终于能走路了，她坐在椅子上，又开始给我们上课了。

---

1. 初釜：新年后第一次起锅煮茶汤的日子，也是一年的第一次茶会。

然而，茶道教室的氛围却与从前大不相同。大家心中都意识到："这样的时间不会永远继续下去了。"

没有什么会永远不变。茶道课也不可能一直这样持续下去。

老师和我们都一样……

每一次的上课时间，我们都万般不舍地细细吟味着。

某一天，我从书架上取下一本旧笔记本翻阅。那是十多年前做的笔记。

写作时间大概是每周一次，在有茶道课的日子里。一开始，只是回忆当天上课的内容、挂轴、花、茶道具、果子等，将之记录下来。

后来渐渐变成记录课上的对话、上课时心中涌起的情绪、每天所想的事。

翻着这些记录，各种季节出现在我眼前。我们在这个茶道教室里，度过了多么丰盛的时间啊！

我想试着在本书中回忆其中的一年。

并且，我为这本笔记取名为《日日有好事》。

目录

*二十四节气的日期参考日本国家天文台（2018年）的发布

冬之章

一年之始

小寒 [一月五日前后]

初釜之朝

二十岁开始学习茶道以来，对我而言，每年都会有两次“正月”。

第一次是从元旦开始的普通的正月[1]……

我们家虽然只有我和母亲两个人住，但从除夕夜到元旦，在外居住的弟弟与母亲的妹妹（独居的姨母）也会带着食物和酒到家里来。

1. 日本的新年以阳历为基准，一月一日即正月初一。除夕则是阳历的 12 月 31 日。

四个人围着年节菜肴、螃蟹或者锅料理，一边热闹地聊天，一边说些“新年快乐”“今年也加油吧”之类的祝福话语。

初诣[1]总是在附近的神社。母亲、姨母和我三个女人从住宅区的坡道步行前往。

元旦的住宅区，空气冷冽而澄净，四下静寂。家家户户的门前都立着门松[2]，街上几乎没有行人。整个街区都静止了。

在这种静寂之中，唯有神社人满为患，神乐[3]热闹的笛子与太鼓声传来。我们哐啷哐啷地摇响铃铛，啪啪地拍响手掌，接过祈求全家安康的护身符后，便踏上回家的路途。若是途中在坡道上看见晴朗而清晰的富士山，便会感到将有好事发生，心里也快活起来。

回到家后，阅读捆成扎的新年贺卡，看每年不变的电视里的正月特辑。接下来什么也不做，这就是正月。一整年运转不休的世界，唯有正月是静止的……这种时候，如果能赶紧去写稿子倒是不错，但莫名没有工作的欲望。

---

1. 初诣：进入新年后的第一次参拜。
2. 门松：日本人在新年期间立在门口的装饰性松树。
3. 神乐：为祭祀演奏的舞乐。

对我而言，一年的“工作之始”就是收起松树装饰，社会恢复“日常”的感觉，开始平稳运转的时候。

正好在这期间，“第二个正月”来临了。

那就是初釜。

武田老师家的初釜，按例是在一月的第二个星期六举行。

从前一年十二月末的“课程收尾”到现在，其实并未经过太长的时间，但跨入新的一年后在初釜之日与课上的同伴们见面，总让人感觉像久别重逢。

初釜，是学生们对老师的新年问候，也是新年里的第一次上课。学生共有十人，因为是特殊的日子，大多数人都穿着和服。

初釜之日的茶道教室里，有种特别的氛围。刚开始学习茶道时，迎来的第一个初釜的印象，我至今依然记得很清楚。一切都是崭新的，激起人的好奇心，让我很想看看教室里的模样。然而，当我正要一只脚迈进教室的时候，突然停下了脚步，无法迈向门槛的另一边。

因为空无一人的初釜教室里，有种不同于以往的氛围。冬日的早晨，微白的光线照进室内，空气冰凉而澄澈，充满水灵灵的感觉。

"……"

我呆立在门槛前，屏息凝视着这幅场景，因为感到有某种清澈之物静静存在于彼处。

壁龛处柱子上挂的青竹花瓶里，比人还高的长长柳条像波浪般垂下浓密的枝条。

柳枝中间结了一个环[1]，枝条向下一直垂到榻榻米上。花瓶中还装点着红、白二色的椿花花苞，衬得绿叶熠熠发光。

置于壁龛中央的圆形白木台上，堆着小巧可爱的金色米草袋。

挂轴上写着"春入千林处处花"（春天，进入千林，四处都开着花）。

春光遍布四处，所到之处皆有花朵绽放。大自然将力量平等地赋予一切事物——这句话的意思，我在很久以后才明白。

初釜开始的时间，按往年惯例是午前十一点过几分。首先要做的，是老师和学生们一起面对面地彼此问候。

1. 柳枝中间所结的圆环，象征圆满、平和与生命力。

“大家新年快乐。”

“新年快乐。过去一年劳您关照了。今年我们也会一起努力进步，还请您继续指导。”

老师身穿深色无花纹的和服，腰系筒袋，她低头行礼的利落姿态是该用“有格调”还是“品味高雅”来形容呢，其中又有一丝威严，我不由自主地看入了迷。

初釜之日，要享用庆祝正月的筵席。

重层的食盒里并排放着黑豆、松叶串甘露子、干青鱼子、小沙丁鱼干、百合根拌梅肉、煎蛋卷等。

揭开黑色的碗盖，是京都风味的鸭肉杂煮。以白味噌调制的鲜红色京都胡萝卜、香菇、萝卜、芋头、菜花，以及四角形的年糕。

待我们接过食盒，老师便手持乌龟形状的酒壶挨个儿为我们斟酒，同时对我们说：

“今年也要努力学习哦。”

“今年你要结婚了吧。祝福你。”等等。

用嵌有鹤形描金图案的朱漆杯接住老师涓涓注入的酒水，轻轻放到唇边饮下，胃里渐渐温暖，心情也变得明快起来。

撤下膳食后，终于到了“浓茶”[1]时间。

茶道里有“薄茶”与“浓茶”之分，“浓茶”是更高级的点茶方式[2]。

这一天，是由老师亲自点浓茶款待我们。初釜之日，也是一年一度能有机会领教老师点茶的日子。

首先，用于浓茶的“主果子”被呈上来。二十多岁的时候，第一次见到那种果子的瞬间，说实话我很失望。因为是正月，我明明很期待华丽的果子，眼前却是看起来随时都能买到的白馒头[3]。

不过，将那白馒头取出，放在怀纸[4]上，用手分成两半打算吃的那一刻，我不由得屏住了呼吸。白色的馒头内部，是像翡翠一般颜色鲜艳的馅儿。

---

1. 浓茶：抹茶之中，采摘进行严密遮光处理的古木上柔软的嫩叶制作而成的茶粉。色与味较一般抹茶浓重。
2. 茶道中的“点浓茶”，是指在盛有浓茶茶粉的茶碗中加入少量沸水，以茶筅搅拌。一般按人的数量点出一碗，众人轮流饮用。与之相对，“点薄茶”则是在盛有抹茶粉的茶碗里加入稍多量的水，以茶筅搅拌。一碗只供一人饮用，主人按人数点茶多次。
3. 日式点心里的馒头并非中文语境里的馒头，而是指一种带馅儿的果子。
4. 怀纸：揣在怀里便于携带的小张两折和纸。在茶道中用于取果子、擦拭清洁过茶碗口的手指、包裹吃不完的果子等。

“这是常盘[1]馒头哟。初釜专用的果子。白色的皮和绿色的馅子，据说是表示顶着积雪的松树绿。”

身边的人这样告诉我。

放入口中后，纯白的馒头皮因为使用了磨成泥的佛掌薯蓣而有着糯糯的黏性。那种黏糯的口感，与湿润的甜馅儿混合在一起，让人不禁从鼻尖溢出一丝幸福的叹息。

老师的点茶开始了……

正月点茶，是用内侧分别贴有金箔和银箔、名为“岛台”的大小两个茶碗[2]点浓茶。

“咻——”

煮沸的水在锅里奏响的松风[3]之声在安静的室内响起。

坐在前面的“正客”首先饮用，接着按顺序传递茶碗。

轻轻将嘴唇附着在茶碗上，品尝浓稠的浓茶。

---

1. 常盘：地名，也有“永恒”“常绿”之意。

2. 岛台（嶋台）茶碗：由一大一小两个茶碗组成。贴银箔的茶碗较大，贴金箔的茶碗较小，点茶时将小茶碗放在大茶碗之上，叠起来使用。

3. 松风：茶道中用来形容锅釜内热水沸腾的声音。

强烈的香气冲进鼻腔，与舌尖残留的果子甜味一同交织成微微的苦涩。接着，是浓厚的香甜……轮流喝完之后，浓茶味残留的唾液也是甜的。

结束点茶后的老师松了口气，脸色恢复了柔和。

“那，现在我们就开始今天的课程了哦。请大家轮流点薄茶吧。”

此时座中之人才解除了紧张感，依次起身点薄茶，大家一边喝，一边热闹地聊起来。

这种时候，我入迷地看着照亮茶道教室的光线。早晨那种清冷澄澈的东西消失了，不知不觉，冬日晴朗的午后阳光透过纯白的纸门，“哗”地将教室照得又白又亮。身穿和服的女性的脸也被映照得分外明艳。

我一直觉得在这冬日晴朗的白光里，蕴含着“新春”这个词语的华美。从这里开始，茶道教室新的一年开始了……

初釜的最后，总是会举行“抽福”。每人抽取一张折叠后的纸签，伴随着“那么，请吧”的声音，大家一起打开。于是，签上那个老师手写的文字映入眼帘。

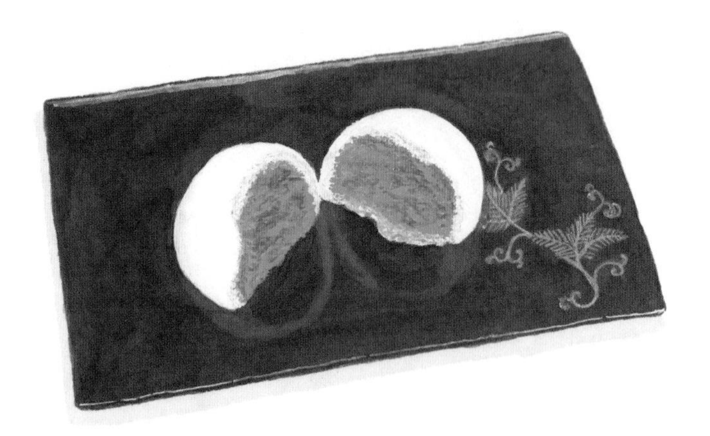

常盘馒头

若是写着“松”“竹”“梅”,则代表中奖,能获得茶碗、帛纱、出帛纱(出し帛紗)等奖品。帛纱,是点茶时必须塞在腰间之物,用来清洁茶器等。出帛纱,是将浓茶送至客人面前时的添附之物。获得奖品的人要当场打开箱子,向大家展示所得之物。

数年前,我也曾抽到过“松”,获得了茶碗。一只绘有“万两”[1]的红色果实压弯枝头的茶碗。“千两”[2]“万两”都被视作吉利之物,常被作为正月的装饰使用,事实上我当时并不清楚“千两”与“万两”的差异。

“其实啊,果实长在叶片之上的是‘千两’,果实垂在叶片之下的是‘万两’。此外,唐橘被称为‘百两’,紫金牛则被称为‘十两’哦。”

老师如此说道。

如果抽中了“松”“竹”“梅”,则表示吉利,让人隐隐感到今年也会有好事发生。不过,就算是没中奖的签,我也莫名地喜欢,因为签上写着“福”字。抽到“福”字的人都可以获得怀纸。就像转动抽奖机,没抽到的人都能领到一包纸巾那样。茶席之上,

1. 万两:即朱砂根。紫金牛科常绿灌木。夏天开白色小花,晚秋时节果实红熟。
2. 千两:即草珊瑚。金粟兰科常绿灌木。夏天开黄绿色花,冬季结红色或黄色果实。

怀纸除了能用来放果子，还可以用以拂拭茶碗的边缘。

又或许，老师是采用了“福气”与“拂拭”的一语双关[1]。

即便没有抽中奖品，大家也都能获得“福气”。

（如果人生也是如此就好了……）

每当看到写着“福”字的签，我心中都会突然变得温暖。

---

1. 日语中的“福气”（福）与“拂拭”（拭く）都读作“ふく”。

大寒 ［ 一月二十日前后 ］

冬日的款待

初釜结束，生活便恢复了日常。

我像往常一样待在自家二楼的工作室里，一整日对着电脑撰写稿件。

在“冬将军”发威的这个季节，木造的旧房子里只有暖炉是不够的，还得打开暖脚器、在膝盖上盖层电热毯来取暖。

窗外，住宅区的屋顶连成一片。其上广阔的天空中堆积着阴沉沉的云层，似乎马上就要有雪花纷纷扬扬地飞舞。这样的日子让人更觉寒冷。

长假之后，比以往更难提笔。反复重写了多次，直到夜里才终于将邮件发送给编辑，但果不其然，收到了“这部分，再挖掘得深一些比较好……”的要求。修改文章直到深夜，终于得到 OK 的回复，心情却一直不畅快。

（照这种状态，我真的能继续做下去吗？）

如此闷闷不乐地思索着。

孩童时期，曾以为只要按父母的话去做，就能保证自己的安全。然而一直保护着自己的父母的背影在不知不觉间缩小了，如今该轮到我来保护他们，成为他们的支柱，可转变立场后才发现，世上并没有绝对的安全之所。

因工作而郁郁寡欢时，心灵与生活都立刻变得乌云密布。尤其是在这个时期，寒冷就像是在雪上加霜一样。

从前的人们在这个季节里陆续举行“元旦”“七草”“成人式”“撒豆”等仪式，或许也是为了转移注意力，以便度过这寒冷的冬日。

星期三。自初釜以来的第十天，是茶道课的日子。

武田老师的教学，是将十个学生分为星期三和星期六两个班级进行。从二十岁开始上课至今，三十年来我一直都在学生及公司职员们所在的周六班上课。不过，一同上课的同伴的人生却随着时间流逝出现了种种变化，有的人因工作调动去了关西，有的人因结婚而和家人一同移居北海道。

曾经，班级里有一位十五岁便入门、以出类拔萃的点茶技艺一枝独秀的名叫小瞳的少女，她也步入婚姻，为了抚养孩子而放弃了茶道课。

后来又加入了几个新人，周六班的学生数量慢慢增长，因此，雪野小姐与我的上课时间便调整到星期三。雪野小姐是老师的亲戚，比我大六岁。是个学习染色技术的人，单身。学习茶道的历史跟我大致相当，且与我一同取得了“教授”的资格。她是个灵活机敏、处事周到的人，被周六班的学生们唤作姐姐，很受大家信赖。

雪野小姐很擅长烹饪，点的茶也很好喝。点茶之道并无不同。但明明是用同样的抹茶与沸水，以同样方式点茶，奇妙的是，雪野小姐点的茶竟有其独特的味道。

雪野小姐和我新加入的周三班里，还有寺岛太太、深泽太太、萩尾太太三位学生。

寺岛太太，是从武田老师开始创办茶道教室时便来上课的人，年龄有七十多岁了。她像学生会会长一样在班级里负责管理事务，与之相应地，也会代替大家受到老师的责备。即便如此，她也非常喜欢茶道，为了能更好地保持正坐姿势，每晚都会练习下蹲来锻炼腿部力量，是个意志坚定、做事认真的人。

深泽太太，是位七十岁的退休教师。据说她家橱柜的抽屉里有许多她母亲留下来的和服，她在退休后重拾年轻时代学过的茶道，每周穿上会被大家询问“这是令堂的吗”的高雅和服来上茶道课。

萩尾太太，六十多岁，在自己家中给年轻学生上茶道课。关于点茶，如果有什么不明白的地方，她会彻底翻阅书刊寻找答案，是个学习型的人。比如她会说：

“我家里的书上写的是右边，但茶道杂志上写的是左边。”等等。因此，在无法请教老师的时候，我们都会向萩尾太太询问“到底是哪边”这类问题的答案。

她们都是大龄资深人士，是生活稳定的专职主妇。星期三的茶道教室中，流淌着一种令人安心的氛围。

午后，学生们聚集在老师的家中。

初釜的道具已经被收起来了，走廊尽头水房的架子上，只有岛台茶碗还在进行晾晒。庆祝的气氛完全消失，茶道课又恢复了以往的状态。

课程从“炭点前”[1]开始。

水不沸则无法点茶。为此，必须准备好炉里的火种，撒上灰，并续上新炭。

就连撒灰的方式、火筷子的持法、炭的取法及放置地点，也有具体的操作步骤与手法，炭点前比起点茶更需要练习。

“接下来，请你完成炭点前。”

被叫到的深泽太太迟疑了。

“唉，我对这个稍微有点……”

见状，老师如往常那样说：

“如果会，就没必要练习了。正是因为不会，才需要练习。”

深泽太太答了句“是！”，便伸直背脊说：

“那么，请多关照。”

语毕一礼，向水房走去。

武田老师的教室里只有一台煤油暖炉。这个时期，一打开纸拉门，走廊里的冷空气便会“嗖”地钻进室内，大家不由自主地瑟缩起来。

---

1. 炭点前：茶道中的一个程序，以一定的顺序和手法将炭放入炉或风炉里。

"话说回来，今天是大寒呢。"

"立春之前，这就是寒冷的尽头了吧？"

不知不觉，这个话题聊开了。

工作日的午后，女人们聚在一起上茶道课的光景，在外人看来一定是有钱、有时间又有余裕的人们奢侈的享乐吧。事实上，专职主妇们却说：

"每天在家里和丈夫面对面，简直让人生厌了。每周至少要有一天，穿上和服出趟门才行。"

或是：

"偶尔也要和大家面对面地聊聊天，否则情绪无法发泄呀。"等等。

不过，那只是表面的说辞，事实上每个人都在心里与各自的烦恼斗争。那些情绪，也会在无意间以言语的形式表现出来。

"自己对别人说过的话，总是扎在心口无法忘怀。不过呢，我已经这样活了七十年，事到如今也无法改变了啊。"

"活着真的是不容易啊，让人腻烦。"

老师也不例外。

"都说上了年纪的人会变得圆滑，那是假的。我最近就焦虑得不行呢。"

无论活到多少岁，人心都不会变得安稳。大家都同与生俱来的天性持续战斗着。也许在面临这种烦恼的时候，无论二十岁还是八十岁，都一个样。

这一时期的茶道课上，常能见到与干支[1]相关的茶道具。当然，在初釜也会使用，到节分[2]之前都可使用。干支里的十二支，据说就是当年的守护神：

“希望这一年能无病无灾，平安度过。”

诸如此类，饱含着人们的愿望。

例如，寅年有用来焚香、绘着“纸老虎”的“香盒”[3]，辰年有绘着“龙落子”[4]的茶碗等。任何一种图案都不只是原样呈现动物的姿态，而是变成一种灵巧可爱的符号。

---

1. 干支：天干地支的简称，源于中国古人对天象的观测。简单说来分为十天干（甲、乙、丙、丁、戊、己、庚、辛、壬、癸）与十二地支（子、丑、寅、卯、辰、巳、午、未、申、酉、戌、亥）。十二地支分别对应十二生肖。

2. 节分：季节的转换期。在日本主要是指立春前一天。

3. 香盒：日文为“香合”，是一种放置香料、袖珍玲珑的带盖器具，广受茶人们的喜爱。此物通常是在主人进行炭点前时供客人欣赏品玩，而在省略炭点前的场合中，则会事先把香盒装饰在座席近侧。

4. 龙落子：即海马。

具体体现在什么时候呢？申年上课时所用的茶碗，乍看没有任何与猴子相关的画，但将茶碗翻过来一看，底部是个鲜红的圆圈。

有人大叫着：

“哎呀，屁股是红的呢！”

记得当时，在场的所有人都笑了起来。

这些干支的道具，一旦过了节分，都要收起来。下一次见，则要等到再次轮到这个干支的十二年后。

还有一个能在这段时期经常见到的茶碗。一个绘有“芜菁”的茶碗。芜菁是“春之七草”[1]之一，也被叫作“蔓菁”。

这是一个容量颇大的茶碗，内里很深，碗体从中部微微变细。感觉像在哪儿见过形状相似的芜菁。茶碗正面，则是洒脱地描摹着绿叶繁茂的芜菁。

使用这个茶碗的时候，老师对正在点茶的人说：

“太冷了，多加些沸水为大家点茶吧。冬日里的温暖就是最好的招待。”

---

1. 春之七草：指一月七日用来煮七草粥的七种嫩菜：芹菜、荠菜、鼠曲草、繁缕、稻槎菜、芜菁、萝卜。

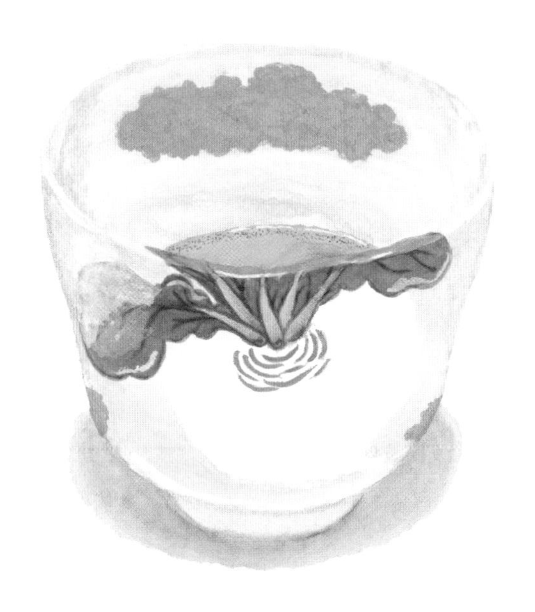

彩绘芜菁茶碗

锅内有白色水蒸气打着旋儿上升。满满的热水由长柄勺汲出，注入茶碗，发出柔和的声音。以两手包住茶碗，缓缓转动杯中沸水温热茶杯。

看着这样的点茶手法，莫名生出一种自己在那双手里被温暖的感觉。

（冬天，也不坏啊……）

我如此想着。

课程结束，做完清洁整理的工作后，大家互道“再会”，在老师家门前分别。

回家的路上，我拢了拢大衣的领子，在令人耳朵生疼的北风中独自前行。

我并不强大……

不过，这种惬意之感又是怎么回事呢？

抬起头，注视微暗的天空，猎户座的三颗星星闪烁着清冷耀眼的光芒，呼吸着冰冷的空气，我清楚感受到肺部的所在。

（啊，我还活着！）

春之章

立春 ［ 二月四日前后 ］

一缕香气

在日常生活中，我很少注意到二十四节气。

不仅如此，还从诸如立秋（八月七日前后）之时，历法上虽然已是秋季，但气温超过三十摄氏度的日子仍在持续的情况中，感觉到现实中的季节与历法的偏差。

然而，每年也有数次，二十四节气与现实中的季节会完全重合。

那天早上，母亲说：

“刚才看了眼窗外，梅树上已经有白色的花盛开了，黄莺也来了呢。真好啊。今天好像是立春。”

原来如此。立春的日子，不知为何，每年都像约好了似的会有梅花绽放。虽然记不清是在立春当天绽放，还是在三天前绽放，但只要听到电视里说：

“今天是立春。在历法上，从今天开始就是春天了。”

接着将视线投向我家院子里，便会看到梅树的枝头，恰好有一两朵爆米花似的白色小花爆裂开来。

即便只有一朵梅花绽放，也会接连不断地有鸟儿到来。刚一停在枝头上，又急急忙忙地飞走了。简直就是“黄莺登梅”，相得益彰，如同画中描绘的立春图景。

天气晴朗的星期三，我前往茶道教室上课。

空气还是冰凉的，风仍然像刀尖一般锋利，但那刀尖也日益变得圆润起来。

壁龛处的挂轴上写着：

“梅花熏彻三千界”。

在我二十岁刚开始学习茶道的时候，老师曾教授我们瞻仰挂轴的礼节：

“正坐于壁龛前，将扇子放在膝前一礼。首先，眺望挂轴整体……”

此外，每次还会把挂轴上所写的那些我完全不会读[1]的书法文字念给我们听。

“这幅挂轴上写的是：ばいか，くんてつ，さんぜんかい（梅花熏彻三千界）[2]。是圆觉寺的朝比奈老师的手笔哦。”老师说。

……可是，即便知道了读法，我却依然无法理解它的意思。老师并未讲解题中之意，也不曾提及挂轴的由来、价格、价值……

“啊，总之先欣赏吧。”

只是如此告诉我们而已。

学习茶道超过十年的时候，我买了一本讲解挂轴上所书禅语的书。读完以后，却更加不明其意。所以我便像老师所说的，只是眺望着挂轴上的文字……

（梅花的香气飘向了遥远的世界，是这个意思吗？）

如此恍恍惚惚地想象着而已。

视线落向壁龛处的装饰柱，一只口部渐渐变细的烧物[3]里，

---

1. 茶道中所使用的挂轴（掛け軸）内容皆为汉字。对日本人而言，日常生活中的日语是假名与汉字混合使用的，一般文化程度越高的人，掌握的汉字越多。
2. 原文中，老师使用假名（相当于日文中汉字的注音）形式念出挂轴上所写内容的读音，故而此处先以假名形式写出，再在括号中标注中文。
3. 烧物（焼き物）：陶器、瓷器、土器的总称。

插着结出小花芽的木瓜枝，以及有着淡粉色花蕾的椿花。花蕾饱满地绽放，绿叶鲜艳而华丽。

“那么，这种椿花的名字是什么呢？”

老师的话就像在出谜语。茶室里的花被称为“茶花”。茶花主要使用野生花草，种类不计其数，但自初冬到晚春的半年里，茶花的主角都是椿花。

椿花的种类据说有两千种之多，每种都有个好听的名字，作为茶花经常使用的有加茂本阿弥、初岚、白玉、太神乐等。

粉色的椿花则以西王母、乙女等为代表。

“西王母……吗？”

“是啊。这种叫作‘曙’（あけぼの）。《枕草子》[1]里不是有一句叫‘春以曙为最’吗？”

“啊。”

像往常一样，课程从炭点前开始。续上新的炭后，则要添香。

用来放香的香盒像化妆品里的粉盒一样，有着圆润平坦的

1.《枕草子》：日本平安时期的随笔，与《源氏物语》并称为王朝女性文学的双璧。作者为清少纳言。

外形和白色围棋棋子般的光泽。

那个白色的香盒，在进行炭点前时，会像歌舞伎中的快速换装[1]那样改变颜色。

揭下盖子，内侧是葡萄酒似的深红色。深红之上用金色线描绘着梅花。

无论看多少次，都会不由自主地因它那华丽的外形“哇”地叫出声来。拿在手里仔细赏玩，发现白色盖子的表面也雕刻着梅花。表面是白梅，内侧是红梅。

当天，我做了点薄茶的练习。

使用了镰仓雕刻[2]的梅花茶器，以及绘有梅花的小号茶碗……今天到处都是梅花呀。

“咻——”

锅中冒出白色的蒸汽，松风之声响起。

雪野小姐轻声呢喃道：

“是宁静的声音呢……”

坐在因蒸汽而微热的房间里，侧耳倾听松风的声音，不知

---

1. 快速换装（早変わり）：在歌舞伎表演中，指一个演员迅速换装变成另一个角色。
2. 镰仓雕刻：漆器工艺的一种。

不觉间，心里的嘈杂与脑海中的噪声都渐渐平息。那感觉真是太惬意了。

（是啊。“宁静”一词，不是指没有声音，而是说这种声音就是“宁静”呀。）

我一面在心底对雪野小姐的呢喃颔首，一面振动茶筅。

沙沙沙……

终于，点茶结束了。我站起身来，退到出口处坐下，“嗖”地打开纸拉门。

那一瞬间，庭院里的椿花的叶子沐浴着耀眼光芒闪闪发亮的画面撞进我的视线。

（啊，春天来了……）

气温仍旧很低，从走廊钻进来的空气凉飕飕的。不过，阳光已经领先变成了春天的模样。看着那样的光，心中的春天也来了。

课程结束，走出老师家的大门，太阳的光线还未完全消失……抬头望向天空，寺岛太太悠然地说：

白瓷梅香盒

"从前有'冬至十日白昼变长'的说法[1]呢。"

"冬至十日"这句里，押韵的地方[2]很有寺岛太太的风格。寺岛太太不时会说出类似戏剧台词一样的话来。

冬至过去十天以后，日照时间便会每天变长一个席眼[3]的距离。

这样说来，去年年末此时，我是在漆黑的夜路中步行回家的。那之后过了一个多月，时间虽然相同，现在的天光却还如此明亮……

彼时，有冷风吹过。风中飘来一缕淡淡的甜香。

啊，不知何处，有梅花绽放……

---

1. 另有一句类似的俗语叫"冬至过十天，傻子也知道白天变长了"（冬至十日経てばアホでも知る）。
2. "冬至十日"在日语里读作"とうじとおか"，"冬"和"十"的发音几乎相同。
3. 榻榻米格子的一格左右。

雨水 [二月十九日前后]

遥远的春天

早上开始就有了春的气息，白天的气温也在持续上升。这样反常的暖和天气，让人不禁期待，是否会就这样直接进入真正的春天。

然而，立春一过，便回到了严冬。让人体会到立春之后，才是最难熬的季节。

第二天，猛烈的寒流像是要打破人们天真期待似的来袭，气温骤然下降。早春时节，就像飞行途中遇上乱流一样，气温会猛然上升或下降，来回晃荡数次。

每到此时我都会想，要让死过一次的季节复活，必须穿越艰难险阻的路途。

这段时间，我收到了来自各方的邮件。

昨天，因采访相识并交好的友人在邮件里写道：

“最近总是情绪糟糕。我是抑郁了吗？”

不久前，她在职场上遭遇了不公正的职位调动。哪怕费尽心血地工作，也未必能获得公司或世人的肯定。生活中有太多不尽如人意的事。

“想来，我的生活总是只考虑眼前，把效率和利益放在第一位。但仅有一种价值观是无法活下去的，我想拥有更长远的眼光。”

她在邮件里这样写着。

高中时代的朋友也发来邮件说：

“是气温的原因吗？最近总觉得心情沉重。像是手脚被绑住了似的，感觉无法动弹呢。”

人有时会因事情迟迟没有进展，而对活下去一事感到疲惫。

我最近也十分烦躁。心像是穿多了衣服，变得臃肿而迟钝。虽然很想像脱皮一样脱掉那些多余的负担，却难以做到，因此心生焦虑，坐立不安。

因为很想摆脱这种情绪，我在茶道课那天穿上了和服。

那是刚开始学习茶道之时，母亲帮我搭配的麻叶花纹[1]的茧绸和服，配上葡萄茶色的腰带。和服的穿法，当时也是老师教给我的，说是“因为正月的初釜要穿”。

学习了大致的穿法和窍门之后，老师说：“接下来就是积累次数了。”话虽如此，我并未频繁穿着和服，因而没能有太大的进步。

和服没有拉链、揿扣或纽扣。只能卷起布料、使用带子系紧或放松来进行微调整，因此常会出现下摆过长、和服底下的贴身长单衣从袖口露出等情形，未必总能保持美观。

即便如此，在去往茶道教室的路上，擦肩而过的老奶奶会回过头对我说：

“和服果然好看呢。”

到了老师家，咔啦咔啦地拉开玄关处的推拉门，眼前的鞋架上装饰着彩纸，上面写着：

---

1. 麻叶花纹（麻の葉）：日本传统纹样的一种，常用于和服、家纹、神纹等。形状源于大麻叶子，图案是三角形、菱形、六边形与十二边形的组合与重复。

“微笑”。

旁边盛开着一大朵纯白的椿花。

这绚丽之景让人想起名为“月下美人”的花[1]。

课程已经开始了。将教室的纸拉门打开些许，老师的脸便出现了。

“快进来。点茶要开始了。”

在我之后，萩尾太太也来了。

“老师，今天玄关处有花在笑着迎接我们呢。”

“呀，你能这样想真让人开心，谢谢。那是信长的弟弟织田有乐斋喜欢的椿花，因为它美得让人想藏进袖口带走，所以被称为‘袖隐’（袖隠し）。”

入座之后，漆器食盒就放在眼前。

“请取果子并把食盒传给下一个人。”

双手恭敬地接过食盒，揭开盖子的时候手不由得停了下来。

“……”

那并不是属于春天的漂亮和果子，而是颜色如黑土般的“时

1. 即昙花。

雨馒头”。

时雨馒头，是一种将馅儿做成圆形蒸熟的和果子，蒸好之后，表皮会自然产生龟裂。

“老师，这是……”

“据说叫‘下萌’。”

下萌，是指从冬日大地里抽芽的草。在黑土一般的表皮裂缝下，内部豆沙馅儿明亮的青草色隐约可见。

看着那青草的颜色，我突然想起曾几何时，母亲望着堤坝的向阳处大叫道：“啊，是巴克！”所谓的巴克（バッケ），是母亲的成长之地，岩手县[1]的方言，指的就是款冬花茎。

当雪原各处开始露出完整的黑土时，被阳光温热，像蒸馒头一样被热气向上托起的龟裂黑土中，小小的巴克冒出了头。

听说母亲小的时候，只要一看到巴克，就会趴在地上，不停嗅闻它的味道。

“真好闻啊。那就是春天的气息哦。”

看着母亲那陶醉的表情，就连我也仿佛看到了顶着黑土生

1. 岩手县：位于日本东北部，濒临太平洋。

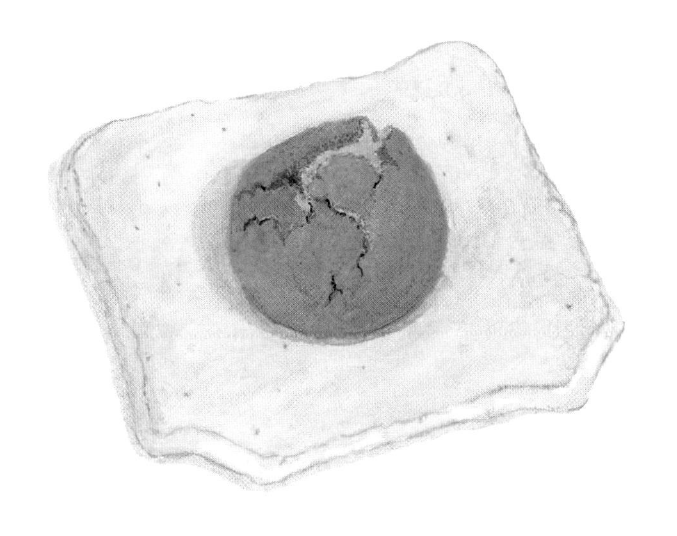

下萌

长的巴克。

“来，快尝尝吧。”

“我开动啦。”

将用怀纸取出的下萌拈一小块放进嘴里。表皮纷纷崩落，甜味瞬间在舌尖蔓延。

沙沙沙沙沙沙……

今天使用的筒形茶碗颇有厚度，手感饱满而结实。茶水很烫。一边吹一边饮用，最后发出“咻”的一声一饮而尽。

“啊……真好喝。”

呼——吐出一口长长的气。

存放抹茶的“枣”[1]的正面，描绘着用来装饰女儿节[2]祭典的贝合[3]中的文蛤。

“话说回来，很快就是女儿节了呢。”

---

1. 枣：茶道用具之一。枣形的茶罐。
2. 女儿节：每年三月三日。起源于过去宫中及上流社会的上巳袯除仪式，江户时代以后扩展到民间。有女儿的人家会摆出女儿节人偶、菱饼、白酒、桃花等用于装饰或供奉。
3. 贝合（貝合わせ）：原本是日本平安时期的一种以贝壳为道具进行配对的游戏，后来演变为在贝壳内描绘图案、和歌等作为装饰。女儿节的陈设物里，也有在一对贝壳内部描绘人偶或其他图案用作装饰的。

“也不知道还要冷到什么时候。我已经不行了，膝盖好痛。”

“是啊，太冷了。真希望快点暖和起来呀。”

心不在焉地听着这些拉拉杂杂的对话，视线投向榻榻米上，与茶碗并排放置的“枣”。肩部圆润的线条收归于一点，美观、洁白而耀眼。透过纸门的阳光落在“枣”的肩线上，又向外反射出去。

凝视着那束光的中心，一条条光线似乎变成了彩虹色。

（春天，在这里……）

我如此想着。

没来由地感到心中舒畅，脸颊也自然而然地舒缓，嘴角似乎浮现了笑意。

翌日，下雨了。寒冷而紧绷的天空也略微松弛下来。

今天是雨水。据说也是雪变成雨、冰变成水的季节。

惊蛰 [三月六日前后]

菜花绽放之时

深夜里，春天的狂风暴雨势头猛烈，劈开天空的雷鸣不间断地轰响着。那雷声到天明时也停歇了，正午以前，太阳露出了脸。

星期三。今天是惊蛰，是冬眠的生物开始活动的时节。说起来，我似乎听人讲过，春雷是为了唤醒那些还在冬眠的生物。

奇妙的是，每年这个时期，一打开我家玄关的门，就能闻到温水的味道。这样的日子，堆积在置物架上的花盆背后还会出现癞蛤蟆迟钝的身影。这种时候，二十四节气便与我家的季节重合在一起了。

午后，我冒着仍然强劲的风前往茶道教室。

当我正坐于檐廊，欲在洗手盆处清洁双手而打开门时，却被一片晃眼的光线惊住了。洗手盆的水面有光在跳跃。

哗啦哗啦哗啦……

竹节前端那细细流水淌落的声音，今日听来也十分柔和。

庭院花丛里绽放的黄色花朵是福寿草。抬起视线，金缕梅、山茱萸也开花了。春天是黄色的。昨日在电车上看到多摩川沿岸的堤坝上也缀满了黄色的油菜花。

不知是被风从何处吹进来的，梅花白色的花瓣散落在檐廊上。每当有人经过，花瓣便会随着和服裙摆或白足袋动作带起的气流而翩翩飞舞，像蝴蝶在身后追逐。

茶道教室里也像打了照明似的亮堂。抬起头，发现洗手盆水面的光线反射在天花板一隅，正闪烁着圆圆的光。

水房的架子上，放着装有生果子的包袱。

“帮我把那个装盘吧。”

“好。”

打开包袱皮，闻到淡淡的甜味，是馒头。白色面皮上覆盖着织部烧[1]釉色一般的绿，表面还有一对一大一小的蕨菜形烙印亲近地朝向彼此。

带盖的漆器食盒里，排列着客人数量份的馒头，叫人不禁想起学习取食礼仪之时的事。

刚开始学习茶道的第一年，考虑到坐在最前方的正客与坐在最末的末客都有一定的角色职责，我便坐在了倒数第二个位置。

大大的食盒从正客的位置按顺序传递，每位客人用添附在旁的黑文字筷[2]取出一枚果子……

轮到我的时候，食盒里仅剩下两枚白色的馒头。

正中央一枚。此外，最边上的角落里还有一枚……

是我和末座客人的份。

在我将筷子伸向正中央那枚馒头的时候，却被老师的声音打断——

“这种时候呢……”

她说，“要留下正中央那一枚哦。”

“……欸？”

1. 织部烧：桃山时代由古田织部创始的一种陶器，以崭新大胆的形状与纹样为人所知。
2. 黑文字筷：钓樟木制作的牙签或筷子，有不同的长度规格，在茶道中常用于取食果子。

“为了留下正中央的那枚果子，请在其他部分选取。如果留下正中央那一枚，当果子传到最后的客人手里时，就不会让人觉得那是挑剩下的了，不是吗？”

“……”

这样一说，孤零零残留在食盒角落里那一枚馒头，确实很像“挑剩下的”。可是，同样是最后一个，如果它位于正中央，那整个食盒看起来都像是为了最后一位客人所准备的。

明明只不过是一个馒头，却会因为摆放位置不同而产生完全不同的意义。

说到果子，老师经常说：

“堆干果子可是很难的哦。”

所谓干果子，是指和三盆[1]、落雁[2]、煎饼等水分少的干点心。在茶道里，豆沙馅儿点心和馒头这类生果子要搭配浓茶，干果子则搭配薄茶。

“堆干果子”，指的是将干果子盛在托盘里。

---

1. 和三盆：四国东部的一种传统砂糖，此处是指用这种砂糖所做的果子。
2. 落雁：16—17 世纪自中国传入的一种点心。在糯米粉中加入砂糖或麦芽糖等，炼制染色后放入木制模具干燥而成。除了糯米，也可用粳、粟、大豆、小麦等的粉末。

老师端给我们的干果子盘，干果子总是堆得自然而美观。虽然她说“很难”，但因为她摆放得太过自然，看起来也很平常。

（嗯……这样的话我也能做到。）

我不禁这样想着。

然而直到某一天，老师让我“把干果子拿过来”，我才试着把装在盒子里的落雁摆放在果子盘里。

结果……总觉得奇怪。我来盛盘的时候，干果子看起来就像在“列队”。虽然又试着换了个方向，但不管怎么放，还是感觉造作，就像多米诺骨牌或是积木一样。

重新拿下来想摆得更加若无其事一些，却弄得零散而杂乱无章。

我焦急地重摆了很多次，其间粉末四散掉落在黑色托盘里，周围都变白了。试图用湿巾纸擦拭，却把落雁弄得更零散，至此我已经不知所措了。时间一分一秒地流逝。

“怎么样，摆好了吗？”

“还没有！”

“唔呼呼[1]……自己试试才知道很难吧？看起来越简单的东

---

1. 一种气流从唇缝中溢出的低笑声。

西其实越难呢。毕竟有句俗话说，‘能堆好干果子的人就可以独当一面了’呢。”

老师笑道。

这个季节里，有一种老师会经常端出来的干果子。那就是板状的落雁，醒目而鲜艳的黄色。那黄色的板块上，到处都点缀着小小的白色物体。仔细一看，发现是炒米粒，像小颗爆米花似的炸开来。

“这是松江的果子，叫作‘菜籽之乡’哦。”

听到这话时，我脑海中出现了一望无际的油菜花田。但那星星点点散落四处的白色炒米粒究竟是什么呢?

“……”

过了一会儿，我突然一拍膝盖“啊”了一声。一片金黄的油菜花田里，白色蝴蝶翩翩纷飞交错的光景浮现在我眼前。

“是菜粉蝶！”

老师在分开这种落雁的板块时，总是不使用菜刀，而故意用手粗略地掰成不均等的小块，随性而风雅地堆在托盘里。

菜籽之乡

春分 ［三月二十一日前后］

“柳绿花红”

以一年内日照时间最短的冬至为出发点开始的二十四节气的更替，在日照时间最长的“夏至”折返，又回到冬至，而在这个往返过程的中点，昼夜长短变得相同的日子有两个：春分和秋分。

刚开花的樱树上，蚕丝般的雨水淅淅沥沥地下着。是因为放出了开花宣言[1]吗？城里的空气变得吵吵嚷嚷。

1. 开花宣言：指日本官方或民间对春天樱花盛放日期的预测。

结束工作磋商会后往回走，在地铁门边的位置就座，带着雨伞进来的人身上飘来淡淡的瑞香花甜味。

那个瞬间，我不由得心里一惊……

这种情绪我有印象。一定总是出现在这个季节。每当遇上这种甜甜的香气，我便会突然心生不安。终于明白个中缘由，也不过是在数年前。

孩童时期，三月总是让人心旌摇曳。

毕业，升学，升级。别离的寂然，对新环境的期待与不安。那种情绪，总是混合着瑞香的花香味。即便过了几十年，这种甜甜的香气仍然能够勾起那时的不安与惶然……

春分之后的星期三午后，我到达茶道教室时，看到一只细长的鹤头花瓶里静静插着一朵随风摇曳的贝母百合。网眼纹路的吊钟形花朵恭谨地低头绽放着。

抬起头，看到挂轴上的四个字：

“柳绿花红”。

“啊……”

那幅挂轴里，有着我的回忆。

“久违地试着挂出来了呢。很令人怀念吧？”

“……是的。”

在我刚开始学习茶道的时候，曾与跟我一同前来上课的表姐在这里看过这幅挂轴。

平日总是连挂轴上是什么字也不认识，但那四个字我却立刻理解了。

“柳是绿色，花是红色。”

“嗯，没错呢。”

我们对视一眼。

“……不就是字面的意思嘛。”

“哎呀，真是简单！”

“啊哈哈哈哈……”

一旦笑出声来，好像变得更加有趣，最后竟连眼泪都笑了出来。

对这样的我们，老师并未斥责，只是看着我们说：

“你们这可真是，正逢连筷子掉了都会觉得好笑的年龄呢。”

我再次与那个词相逢，已经是在二十多年后……与大学时代的同级生小关见面之时。流派虽然不同，但小关也是从学生时代便开始学习茶道。据传闻，她成了茶道老师，在大学的社团里授课。

“前阵子的课上，我挂出了‘柳绿花红’的挂轴。”

“啊，那个……”

正好是三月。也是柳条青青在风中膨胀，花朵鲜艳绽放的季节……我如此想。

然而她却说：

“这是为了即将毕业、进入社会的孩子们呢……”

“欸？”

“踏入社会后，免不了时常碰壁，不是吗？这种时候，总是会觉得别人很厉害吧。毕业后过一段时间，大家便倾向于否定自己的特色，试图成为自己以外的人……然而柳树变不成花，花也变不成柳树。花只要继续开得红红火火就好，柳树也只要继续茂密碧绿就好，不是吗？”

我也有过好几次类似的经历。满心认为自己除了认真以外毫无优点，是个无趣之人。周围的人看起来都强大、美好、闪闪发光。我很想改变自己，便信手拿起书便读，不断受到感化。最终却对这样的自己毫无办法，疲惫不堪，茫然不知如何是好。

这种事多次卷土重来，直到某一天，我突然想通了。

（大概，我这种性格是无法改变的。既然无论怎么烦恼也改变不了，不如就这样默默与之同行吧。无法改变的东西，不去改变也没关系。）

“花只要红红地开着就好，柳树只要绿绿地繁茂就好。”

小关的那句话，让我想起了彼时的自己。

柳是绿的，花是红的。

从那以后，它便成了我喜欢的词。如今，当我对别人产生艳羡，试图变得不像自己时，便会想起这个词。

我抬头望着壁龛处的挂轴，道：

“真不错呢……”

老师微笑着说：

“是吧。”

那天，在炭点前时使用的香盒上带有隅田川[1]的印染图案。香盒是四角形的烧物，盖子上表现河上小桥的弧形线条贴向对角线，此外还绘有垂枝的柳树，行驶于河面的小舟。

“枣”上绘着含风摆动的柳枝。茶碗上绘着盛放的樱花。我

1. 隅田川：流经东京都东部的河流。

隅田川香盒

“咻”的一声将茶饮尽，置茶碗于膝前，变空的碗底露出纷飞的樱花瓣。

刷动茶筅的声音沙沙，如小溪在潺潺流动。

点茶结束，推开纸门的瞬间：

“气候变好了呢。”

深泽太太惬意地提高声音道。

“每次打开纸门，总是有冷风飕飕钻入，但今天不热也不冷，打开反而更让人觉得清爽呢。”

结束茶道练习，走出门后，天空明朗得令人咂舌。

在那片明朗之中，耳里听不到的城市嘈杂如香槟气泡般翻滚起来，我清楚地感受到，万物复苏的季节终于来临了。

日子还长……总觉得，令人期待而兴奋。

清明·一 ［四月五日前后］

无言的交流

天气晴朗，气温升高，春天终于来了。午后，前往茶道教室。

蹲踞处的水声彻底变得圆润了。我在用长柄勺舀水净手的时候，发现庭院角落里悄悄盛开的紫花地丁，不由得弯起了嘴角。

进入茶道教室后，见挂轴上写着：

“清流无间断”。

就像溪流不间断地流淌一样，总是活动的事物就不会淤塞，能保持清澈。似乎是这个意思。

挂在壁龛装饰柱上、色泽柔和的枇杷色萩烧[1]花瓶里，有一枝紫色的“忘都草”[2]。麻叶绣线菊细细的花枝也形态优美地添附在旁。

今天使用的锅，是吊锅（釣り釜）。吊挂在茶室天花板垂下的锁链上的吊锅,是属于春天的锅。每当打开或扣上盖子的时候，便会轻轻摇晃。

“使用炉[3]的季节也很快就要结束了呢。”

“确实。下个月就要用风炉[4]了呢。”

接下来，就是安静的上课时间。

大家精力集中，明明没有人说话，却仿佛能听到“心里的声音”。

寺岛太太和萩尾太太的茶历都超过五十年了。即便一语不发，也能从气息、脚步声、一瞬间的视线交流中推动整个流程

---

1. 萩烧：山口县萩市一带烧制的陶器。
2. 忘都草：写作“都忘れ”，又名野春菊、东菊。
3. 炉：茶道中用于寒冷季节（十一月至翌年四月）的炉子，一般是在铺有榻榻米的房间地板上挖出一个方形凹槽，槽内放炉架等，将锅置于其上使用。
4. 风炉：茶道中用于温暖季节（五月至十月）的炉子。风炉是独立可移动的，体积较小。炉与风炉的使用除季节各异外，配套的茶具也不相同。

的行进。

（可以开始了吗？）

（开始吧！）

（那么，大家一起。）

（好的！）

在松风之声中，那种无声的交流你来我往，让人感觉到室内空气凝缩至一点，或同时朝向某个方位，“哗——”地扩散，又柔和下来。

“跟用语言交流一样呢。”

点茶结束时，身旁的雪野小姐咕哝道。

确实如此，并非“错觉”或“自以为是”。

我们时常说：“不说出口别人就不会明白。”其实不需要说出口也能传达内容的情况也存在，那是在空气中交错纷飞、不称其为语言的无数言语、未成声的大量声音，也是不发一言，只须待在一起就能传递思绪的温馨气氛。

也许，其实每个人在日常生活中都有所感知。比如，说话的时候，比起实际交流的语言，随之而来的沉默有时更能传达本意。些微的欲言又止、声音的颤抖、倒抽一口气等气息的表达，有时候比语言更能撼动人心。沉重的气氛、温馨的气氛。在沉默之中，实则有无数语言郁结在那里……

课程变成这种形式之后，明明没有用语言交流，却有种说了很多话的充实感。

“哪位同学再来点一次茶呢？”

“老师，大家已经都完成过一次了……”

“呀，难得水烧得恰到好处，哪位同学再来快速地点一次薄茶吧。果子也还有剩的嘛，帮我拿过来一下。”

拿过来的干果子盘里，装着粉色和白色的樱花形落雁与烤麸[1]。

“来，两种都尝尝吧。”

将樱花形状的落雁放入口中咀嚼。“啪嗒”一声碎裂，细腻的葛粉轻轻融化在舌尖，微微的甘甜在口腔里扩散。烤麸像空气一样轻薄，咬上去“嚓”的一声，香味轻飘飘地掠过鼻端。

沙沙沙沙……

---

1. 这里的烤麸并非中国菜里的烤麸，而是一种以小麦粉为主要原料做成的煎饼。通常为蛋卷形。

点茶者递过来的，是圆窗里绘有樱花的茶碗。

我喜欢浓茶那醇厚的滋味。尤其是在吃过带馅儿的主果子后所用的浓茶，简直美味至极，那种浓密的口感，就像蟹黄或是肥鹅肝一样。

不过，像今天这样淡淡点就的薄茶也很好喝。味浓醇厚的法餐也好，狼吞虎咽快速吃完的茶泡饭也罢，各有千秋。

“咻”的一声饮尽茶沫，呼地吐出一口气，将视线投向眼前宽阔的庭院。

室外还很明亮。但，室内已经开始变暗了。

“老师，要开灯吗？”

雪野小姐站起身来问。

“就这样吧。这可是难得的微暗时分呀。”

老师回答道。

“微暗时分”也就是“那里是谁的时分”[1]。换句话说，就是不出声询问站在那里的人是谁就看不清的微暗的早晨或傍晚时分

1. 微暗时分（かはたれどき）也写作“彼は誰時”。原意是询问对方是谁。由于过去没有灯，天色微暗时看不清稍远处之人的身影，便只能出声询问“かはたれ”（在那儿的人是谁），后来延伸为指这种时刻。

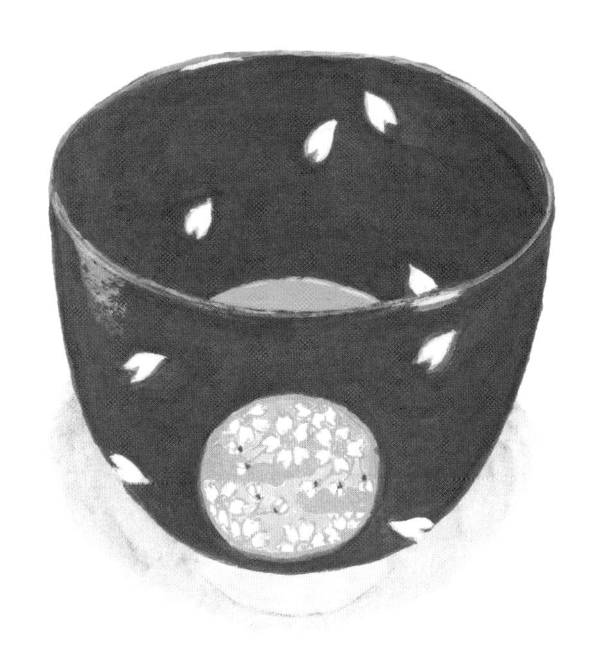

圆窗樱图茶碗

（后来这个词[1]被限定用来指早晨，“黄昏〔誰そ彼〕”则指晚上）。

真是一段甜美的时间。大家的轮廓都变得暧昧而模糊，融合在一起。是因为刚结束了全神贯注的课程吗？总觉得和她们的距离变近了。

其后大家一起收拾整理，相互告别。

“老师，谢谢您。”

“路上小心哦。再会。”

“好的。下周也请您多指教。”

像这样一同经历了氛围如此美好的一天后，分别之时，心里会有一瞬想着：

“啊，还能再像今天这样拥有美好的时光吗？”

如此这般，心中掠过一种遗憾而又感伤的情绪。

---

1. 指前文中的“彼は誰”，与后文中的“誰そ彼”（黄昏）原意相同，都是表示询问，但引申义所指时间段有区别。

清明·二 ［四月五日前后］

樱花，樱花，樱花

电视上一连好多天都在谈论“赏花”的主题。自樱花盛放以来，已经过了一星期。天气预报称，今晚会有一场雨。

“终于到今天就是最后一眼了。”

那句“最后一眼”让我心生动摇。

截稿日和各种事务堆在一起，今年我还没来得及去赏花……

那种失落就像远方的朋友到来，还没见面他就要回去了，而我无法前去送行。

很想去，却去不了。

想着“明年再看就好了”，放弃后认命地走上二楼。面对书桌，不自觉地将视线投向窗外，住宅区屋顶的另一侧染上了淡淡的粉色烟霞。

那一刻，我脑海中有个声音清晰地响起。

花都不去看，活着是为了什么。

我站起身来，迅速换装准备，坐上了电车。

目黑川的景色，一瞬间让人错觉下雪了。堤岸上的黑土被飘零的花瓣掩盖，成了一片白色。开满樱花的枝头，像被大量白雪积压似的沉重，无数花枝重叠交错的树下，人潮缓缓移动着。

抬起头，是仿佛填满整个天空的樱之天花板。无论走多远，都是满目的樱花。站在桥上向下望，河面被花瓣铺成白色，汇集成一团团花筏[1]顺水流淌。

明明每年都是一样的樱花，但每次看见，都会心生感触。

那一晚，果然如天气预报所说下起了雨。

"樱花也开到尽头了呢。"

---

1. 花筏：日文里将大量樱花花瓣散落水面如带状漂流而去的样子比作筏子。

看着敲打窗户的大颗雨点，母亲低声说。

两天后，我因购物而走出家门。接着在自家门前的坡道上，看到白色的花瓣被风吹得无处不在。

进入便利店的时候，花瓣也和我一起进入店内，跟在我的脚边。

站在道口等电车通过时，花瓣一齐飞向高空，开始了旅程。无数花瓣像暴风雪一样飞舞着，我似乎从中听见了很多细小的声音在说“再见”。

谷雨 [四月二十日前后]

百花缭乱

这段时间，胃有点不舒服。原因我知道，是几天前，我被卷入了一位熟人的纠纷里。

那个人向我道了歉，但我胸中的怒气无法平息，始终保持着尖刻的态度，还冷淡地说："你真是不值得相信。"

那一晚，我突然觉得胃里难受起来。别说什么发泄情绪，大快人心了，对待对方那种尖酸刻薄的态度，反而让我自己受了伤。

虽然对方确实给我添了麻烦，我也讨厌谎言，但面对一个拼命道歉、毫不还口的人，是我丝毫不听解释，盛气凌人地指责了对方。

为什么我不能成为一个更有气度的成年人呢……

自我厌恶的伤口湿漉漉地疼痛着。

治愈我的是一封意想不到的邮件。发件者是半年前在长崎的旅店相识的人，当时因为我们都身在旅途中，便轻松愉快地敞开心扉聊了许多，分别之前交换了邮件地址。

时隔半年，那个人发来的邮件里写着这样的话：

“那时候，我是被你的一句话拯救了。谢谢你！”

那是一句什么话呢，我究竟说了什么，已经记不得了，但那行字却让我禁不住涌泪。

我也，曾经拯救过别人……

并且，那个人的话，这次拯救了我。

胃里那种沉甸甸的不适感，令人难以置信地消失了。

昨天因他人而受伤，今天因他人而获救。

人心，就像随风摇曳的芦苇。

温暖的雨水持续降落，简直就像隔开季节的窗帘一样。这雨定能增强草木的气势。待雨一停，就终于能迎来真正的春天了。此后，不断折返的寒冷也不会再回来了吧。

无论是睡多久，还是觉得困倦，伴着雨声像烂泥一样入眠。冬季里积累的疲劳，仿佛在此刻开始溶解了一般……

一天早上，起床后，发现我家那小小的庭院里已是百花缭乱。杜鹃丛中，红色与粉色的花朵一拥而出，仿佛庆典时的彩球。

长得很像杜若的海芋、形似日本鸢尾的德国鸢尾也开始绽放了。

在周边散步时，发现八重樱[1]也开满了枝头，还有海棠、棣棠、狗木、藤花、铃兰……

星期三午后，我比平日提前了些时间出发，穿过夏日般的晴空，前往茶道教室。

一身大汗地进了大门后，见老师站在树木枝叶生长繁茂的蓊郁庭院内。她淡黄色的茧绸和服上系着黄褐色的腰带，手持园艺剪刀，正要剪下准备用来装饰壁龛的花。

沿着庭院里呈点状放置的踏脚石向前，跟随老师进入院子深处。

---

1. 八重樱：花期晚于一般樱花的重瓣樱花。

春草花莳绘　竹平枣

年轻时，曾以为日本庭院里名为“踏脚石”之物，只是为了避免鞋子被泥土弄脏而设置的。但如今我却觉得，那并非为了避免人弄脏鞋，而是为了不让人类伤害草与苔类植物而设立的一条进入草木领域的和平中立地带。

小小的茶庭[1]就像一个乐园。脚边，蜡瓣花黄色的花房散落之后，叶子开始抽芽，折叠成袖珍百褶裙状的绿叶美丽地扩展开来。

抬起头，阳光透过柿子树嫩叶洒下斑驳的光线。松树的新芽朝向空中茁壮生长，地面覆满厚厚的苔藓，就像绿色的绒毯……

“虾脊兰、水甘草、斑叶玉竹、宝铎草也都一下子开花了呢。”

老师如此说着，用园艺剪刀“啪”地剪下一枝白色小花簇拥着正在开放的忍冬。

将花枝插进竹制花瓶，放在壁龛处后，室内有风穿过。

挂轴上写着：

“风从花里过来香”。

---

1. 茶庭：附属于茶室庭院，一般设有待位席、露天休息处、洗手盆、便所等。

原本没有任何香气的风，从花丛中经过后，也散发出花的香味……

从敞着纸拉门的教室向外望去，檐廊外庭院里的绿意越发深远。

“哇——好漂亮！”

我们不约而同地看着院子叫出声来。

“花开得真好啊。”

“太好看了……明明无人指导，花儿们却每年都开得那么好。”

一到春天，所至之处都有青草发芽，花朵齐齐盛开。这类情形，我们从小就视为理所当然。

可是在某一天，看到炫目的绿叶，才突然意识到：我们周围全是令人不可思议的事物，我们一直毫无察觉地生活在这不可思议之中……

夏之章

立夏 [五月五日前后]

风的波涛

当电视上在播放“冲绳今日进入梅雨季节”的新闻时，北海道的樱花据说才刚开放……狭长的日本列岛上存在着“樱花的时差”。

这真是太棒了。若是在东京无法赏花，还可以一路追寻至北海道。追赶时间一事是可以做到的。

星期三，晴。我穿着单层的轻薄和服，满身大汗地前往茶道教室。

途中，在经过公园旁时，有风吹来，高大榉树的沙沙声就像波涛一样。那一瞬间，心像涨满风的船帆，朝着蔚蓝的天空鼓胀起来，想朝着宽阔的地方飞翔。近来有些低沉的情绪，也一下子变得明朗，而这契机是风给我的。

茶道教室从今天开始就入夏了。在茶道里，二十四节气的立夏时分，室内布置会进行“炉”到“风炉”的转换。

十一月到四月使用的“炉”,也就是个小小的地炉（围炉裹）。在地炉上架锅烧水，客人们围着炉子就能取暖。

不过，到了夏天就反过来想要远离火源。因此，要将炉遮盖起来。

盖上炉之后的教室变得宽阔而空荡。取代炉的是稳稳放置在屋内一角的“风炉”。

风炉就像火盆。从外面看不到内里的火苗，热气也不会向周围扩散。形状和素材各式各样，但这一天我们是在青铜的风炉上放了个圆润的锅。

通向庭院的纸门大大敞开着。蹲踞处的水声听上去比平日距离更近。繁茂生长的树木遮蔽了阳光,夏季的庭院里一片昏暗。从参差交错的叶片缝隙间漏下的光，像星星似的眨着眼睛。

进入教室，看见壁龛处的挂轴上写着：

“本来无一物”。

这幅挂轴我见过。

这句话从字面上看,就是“本来就什么都没有”的意思。不过,解说书里却写着诸如:

“万物皆非实体,不过是空,不该执着于任何事物。”等句子。

我看不太懂。

虽然不懂,但眺望着这幅挂轴,心中却忽然一轻。眼前开阔起来,勇气也涌上了心间。

“我再三考虑过要挂哪幅卷轴,但从今天起就要使用风炉了,于是想着,就借此表达自己内心的态度吧。”

老师微笑着说。

此外还有花。轻巧的夏季竹笼里,盛开着紫色风车似的铁线莲。

“那么接下来,哪位都行,开始练习吧。”

“……”

大家纷纷看向四周其他人,“您先请”地互相谦让着,一直开不了头。即便是学习茶道多年之人,也会在炉刚换成风炉,风炉刚换成炉的时候对点茶产生疑惑。因为无论是道具配置还是步骤,都完全不一样了。

“那么,就请让我来做炭点前吧。”

自告奋勇的是“学生会长”寺岛太太。

“虽然我感觉自己已经全忘光了……”

当她以此为借口时，老师说：

“如果会做，就不必做了。正是因为不会，才需要练习呀！”

还是她一直以来的那句话。

看着两人这一来一回，我轻笑着心想：年纪渐长的成年人能有一个让自己暴露短处也无妨的地方，真是件幸福的事啊。这个社会中的所有人都害怕丢分，为了不暴露自己的弱点而穿上坚硬的盔甲活着。

然而，在这里，无论到了多少岁，都永远是学生。由老师指出错误，不断接受提点，重复点茶。即便重复几十年，也不会结束。点茶会随着季节变化，技艺越发提高，往上还有更厉害的。

变得完美想必是不可能的。我们是不完善的、会犯错的生物。

不过，或许正因为会犯错，才能自由地活着。

寺岛太太的炭点前结束后，便由雪野小姐点浓茶。

“雪野，冰箱里有果子，你去拿过来吧。”

“好的。”

拿过来的食盒是以乳白色为底、高雅的金丝彩线纹样镶边的白萨摩[1]。虽然冬天一般会使用暖色调的木制漆器，但立夏一过，便会换成陶器。

放在冰箱里冷藏过的陶器表面冰冰凉，摸上去很舒服。打开盖子，里面是用青竹叶缠绕着包裹起来的细长果子。

“……哎呀。”

“是粽子[2]哦。我在京都的朋友送来的特产。”

端午佳节之际，关东人为了祈愿男孩子能健康成长，会吃柏饼[3]，而关西据说是吃粽子。

剥开竹叶后，湿润的嫩竹香气撞入鼻腔。叶子里是半透明的细长葛饼。放入口中，那冰凉、微甜又糯糯的口感十分清爽。

萩烧的茶叶罐，搭配夏季用的广口青瓷茶碗。

水指[4]是触目鲜艳的蓝色。平而浅、大而广的罐口上，是一

---

1. 白萨摩：萨摩烧中最有特色也最有名的一种。
2. 日本的粽子与中国稍有不同，一般用竹叶包裹成长条形状后扎紧，一头粗一头细。内里是以糯米、粳米、米粉等制成的白色饼状物。
3. 柏饼：一种日式点心。将优质糯米粉做成的圆饼对折，中间夹馅儿，外面用槲树叶包裹起来。
4. 水指：又写作“水差し”，茶道中用来存放净水的器具，里面的水可加入茶釜或涮洗茶杯、茶筅等。

个颇有风情的黑色木制漆器盖子。猛地揭开那盖子，蓝色水指里宽阔的水面便映入眼帘。

在铺满榻榻米的室内望着眼前的水面。

一瞬间，小学生时期从游泳池的蓝色水面所感受到的夏日的开放感在胸中扩散。

上完课回家的路上，我去看了正在商场内举办的摄影师星野道夫[1]的写真展。在照片中阿拉斯加广阔而雄壮的大地及几句话前，我停下了脚步。

> 通过轮回的季节，能切实感受到流向无穷彼岸的时间。大自然的安排是多么有道理啊。每年一度，在恋恋不舍中告别的事物，在世间总共会有多少次的相逢呢。也许没有比计算这些次数更能体会人这一生何其短暂的事了。
>
> ——《旅行之木》（文春文库）

1. 星野道夫（1952—1996）：日本摄影师、探险家、诗人。1996年8月8日，他因为TBS电视台拍摄野外节目素材而滞留于俄罗斯堪察加半岛南部湖畔，于凌晨四点左右在帐篷内遭遇棕熊袭击而死亡。

彩绘青枫茶碗

是啊。季节总是在人的恋恋不舍中流逝。

而事实上，当天还看到其他几句令我心生共鸣的话。但那时，只记下这一句便回家了。

今天如此就好。不必贪心……今天只留下今天的感动就好。这才是“邂逅”。从众多之中，选择仅有的邂逅之物带回家。

小满·一 ［五月二十一日前后］

稻苗萤

星期三。最近几天，我一步也没出门，一直在家埋头写稿。由于一直保持同样的姿势持续看着电脑屏幕，肩部肌肉十分僵硬。

午后，在多云的天空下前往茶道教室。

好久没在室外走动了。空气潮湿而闷热。

进入老师家的玄关时，看到鞋架上小小的烧制花瓶里插着淡绿色的紫阳花与缟苇，那清凉的姿态，让我忘却了暑意。

久违地见到了深泽太太。深泽太太九十二岁的母亲于上个月去世了，她因此停课了一阵子。今天所穿的和服，想必也是她母亲的遗物吧。

纸拉门的阴影处，深泽太太正在同老师寒暄。

老师也将两手置于榻榻米上，低头致意："啊，这次的事……"[1]声音隐约可闻。

"往后会越来越孤单了呢，不过这也是按年龄顺序的……还请多保重身体。"

淡淡的言语中，包含着对送别高龄亲属之人的惋惜与温柔，叫人从中窥见一丝成年人间驾轻就熟的礼节。

在面对庭院敞着门的教室里，我开始了点薄茶的练习。

打开茶道口[2]的纸格子拉门时，感觉比平日沉重了些。

（梅雨季就快到了。）

我这样想着。每年，因为梅雨季的湿气，茶道教室的纸拉门都会变得不易开关。不止如此，抹茶吸收了湿气也会变重。若在平时，用竹茶匙舀起的抹茶粉会簌簌地轻快下落，而这个时期，粉末却会粘在茶匙上难以掉落。

---

1. 根据上下文，省略部分为"还请节哀"（ご愁傷さま）。
2. 茶道口：茶会中，供点茶人出入茶室的小口子。

此外，用来拂拭沾有茶粉的竹茶匙所用的帛纱也会染上浓重的绿色，无论是抖还是拍，都无法清理干净。

黑色的漆器“枣”上描着金色的莳绘[1]，上面是稻苗与朦胧发光的飞舞的萤火虫。

平水指[2]是淡淡的水蓝色，周围是青海波[3]的纹样。其上放置的黑色木制漆盖叫作拼盖（割り蓋），正中央有合页（蝶番），只需打开一半。一打开，就能看到盖子内侧的水草莳绘。

茶碗上绘有绽放在池畔的各色日本鸢尾及曲折的木板桥。

沙沙沙沙沙……

振动茶筅到最后，以“の”字结束点茶[4]，将茶碗正面转向对面的人，奉上前去。

深泽太太“咻”的一声饮尽茶水，细细看着茶碗说：

“真好啊。一下子轻松了。”

---

1. 莳绘：用漆描摹纹样，再以金、银、锡、色粉等附着其上进行装饰的漆器工艺。
2. 平水指：水指的一种。广口阔身，与一般水指的不同处在于，盖子不是整块，而是可对折的拼盖。使用时不用完全揭开，只需揭一半叠放在另一半上面。
3. 日本传统纹样的一种，密集的单峰波浪形。
4. 点茶时需要使用茶筅快速搅动碗里的抹茶粉，使之与水融合，最后的手势是画一个“の”形，缓缓提起茶筅。

稻苗萤莳绘　中枣

言语也恢复了从前上课时的口吻。

“是啊。进入梅雨季之前的日子最舒服啦。”

寺岛太太道。

我也觉得，梅雨来临前的这段时期，是一整年里最具有日本特色的季节。

萩尾太太像是刚想起来似的说：

“话说回来，今年也有斑嘴鸭出生哦。”

距离茶道教室很近的公园池塘里，数年前有斑嘴鸭在那儿住下，每年到了这个季节，都有小鸭子孵化。亲子连成一行游泳的场景，受到周边邻居的热议。

“睡莲也开了，公园的池塘眼下可是超级漂亮哦。”

此时，庭院里突然有沙沙声响起。

轻柔的小雨拍打着嫩叶。与此同时，带着湿气的风从庭院钻进纸门大开的房间。

雪野小姐急忙站起身来，关上檐廊处的玻璃门。老师眺望着室外，低声道：

“是提前到来的梅雨吗……”

小满·二 ［五月二十一日前后］

池畔

翌日是晴天。午后，买完东西返家的途中，忽然想起上课时听过的斑嘴鸭一事，便抬脚向公园走去。

到那儿一看，还真的有呢。跟在父母身后的小鸭子们排着队在池塘里轻快地游来游去。长着黄色与褐色毛发的有九只。

架在池面的桥上，周边的住户们聚在那里观赏。映着晴朗天空的水面蓝蓝的，其中半块被睡莲的叶子覆盖，四处都有红色的花盛开。叶片之上，不停有小小的斑嘴鸭行列游过。

就在我以为它们钻进水草丛里看不见了的时候，小鸭子们又络绎不绝地出现，像舰队似的列队游着，不时还在水面

“唰——”地滑行着疾驰。每当这时，桥上的看台处便传来拍手声与温和的笑声。

“太可爱啦！”

“一直看也不会厌烦呢。”

声音不断交织。

“好像还有一群不久前刚出生的小鸭子吧。”

闻言，蹲在池畔钓鱼的大叔答道：

“啊，它们现在在那边哦。”

说着指向池中沙洲处茂盛的芦苇丛。

“鸭妈妈在叫它们,把它们带去那边了。眼下是休息时间哟。”

据说以前有十只，如今只有七只了。

“数量一减少，还真叫人难过呢。”

“是不是被乌鸦还是别的动物弄死了？”

“不是。好像是另一群鸭子里的成年鸭杀死的。现实很严峻啊。”

“不是乌鸦，而是成年鸭子？这是出于生物的利己主义吧。”

接着，刚才钓鱼的大叔道：

“这就是自然的法则。生存规则就是如此。大家会共同守护新生儿的，也就只有人类吧。”

池面上，初夏的风轻抚一般倏然而过。柳条大幅度晃动着，水面的涟漪闪耀着光芒，睡莲的叶子被风翻卷。叶片之间，由父母引领的小斑嘴鸭组成的黄色舰队轻快地游动着。

苍鹭飞来，停在池中的木桩上。牛蛙的叫声清晰可闻。正是生命力旺盛的季节。

池塘边，紫色和黄色的日本鸢尾正鼓足了劲儿绽放。

堤岸周围，紫阳花开始染上蓝、紫或粉红色。光照充足的石榴树枝丫上，绽放着火焰般燃烧的朱色花朵；背阴处，则被蕺菜那白色的十字形花朵覆盖。

在这小小的水池旁，一年中最美的时节翩然而至。我仅仅是待在这里便感到幸福，与此同时，莫名有些眷恋与不舍。

芒种·一 ［六月五日前后］

摘青梅

“也许是入梅前最后的晴天了。”

听到天气预报这样说，我慌慌张张地洗好衣服，在晾衣竿上挂好，就在此时，看见梅树上长出了许多圆圆的青色果实。

（啊，是青梅！）

立春之日，梅树绽放出星星点点的白色花朵以告知春的来临，是深知礼节的树。花谢以后，我便完全忘了它的存在，不知不觉间，它已枝繁叶茂，叶片后结出了许多果实。

果实长得又大又圆，正适合用来做梅酒。我急忙从厨房拿出笊篱去收梅子。青梅混杂在绿叶中躲藏，那是它们的计谋。

摘了很多之后，以为这就是全部了，但离树远一点望过去，这儿那儿仍有许多果实。将这些果实也都摘光以后，蹲在树根处向上望，发现树叶繁茂的微暗处的枝干内侧，仍然藏着许多。伸手想去摘，但梅树却不肯了，从四面八方伸出直挺挺的小树枝进行阻挠。

我摘得入了迷，满身大汗，笊篱也变得沉甸甸的。

青梅可爱而滑稽，还有种莫名的色情。膨胀而圆润，像屁股一样分成两半。周身覆满茸毛，叫人看不分明。将它放在手心里仔细观察，指尖却开始发痒，心中涌起一股想将它一把握紧的冲动……

在厨房的水槽里哗啦哗啦地冲洗，泡在水里，再一个个擦干它们的时候，我总在想：在最寒冷的季节里开出花朵，给予等待春天的人们以希望的梅树，在夏天到来的途中结满果实。它的果实能被做成梅干或梅酒，预防食物中毒，缓解疲劳，还能作为佐餐的万能调味料。

只要有一棵梅树，一年的生活都能变得丰富。梅树真伟大。

芒种·二 ［ 六月五日前后 ］

茶室里的共时性

星期日。被哗啦哗啦的雨声吵醒。窗外的景色朦胧中有些泛黄，从早上起就像傍晚一样昏暗。

这段时间，因为要赶稿子的截止日期而常常睡眠不足，不知道是因为这个，还是因冷梅[1]到来身体状况变差，整个人总是昏沉沉的。

哪儿也去不了，工作也没干，整天都躺在被窝里度过。迷

1. 冷梅（梅雨冷え）：指梅雨到来时导致的气温骤降。

迷糊糊打完盹儿醒来的时候，想着必须出门去哪儿走走了。

但雨还在下。哗啦啦的雨声就像成千上万的人聚在一起似的包围了我家。我被雨困住了，也被雨保护着……心中如此想着。

今天就哪儿也别去了，在家休息吧。

雨声仿佛在这样对我说。我便放松下来，又进入了睡眠。体内累积的疲劳也被雨声和湿气排出了体外。好想就这样一直睡下去……

星期三。天气预报说午后会有太阳，但眼下仍下着小雨。

三天前的星期日睡了一整天，精神多少恢复了一些，但昨晚又熬夜写稿到天亮，还是睡眠不足。因此心生烦意，想着今天的茶道课干脆请假吧，但很快又整理好心情，冒着淅淅沥沥的小雨出门了。

进门时，老师刚好挂完挂轴，将长长的挂杆握在手里，从壁龛处走下来。

“之前挂了别的卷轴，刚刚才匆忙找出这幅来换上了。”

“雨收花竹凉”。

今天，老师也尽全力在为课程做准备。竹制花笼里插着夏椿。那水灵的白色叫人眼前一亮。

水指是萨摩切子[1]，里面的水透过玻璃细致的纹理闪耀着光。

揭开食盒的盖子，大家不由得发出“哇——”“好可爱！”的声音。盒子里并排放着的是青梅。

虽然心知那是经过熬炼后制成的豆沙馅果子，但看上去太像真的青梅了，叫人移不开眼。无论是颜色、圆润的形状，还是细长的线缝与肚脐似的凹陷都很像……表面甚至像长了一层细细的茸毛。

取出一枚放在怀纸上，用银质的切果刀[2]切开，青梅里果然是豆沙馅儿。放入口中，甜里带有些许酸意和梅子的风味。

用淡蓝色的夏季茶碗品了一碗浓茶。

（啊——幸好今天来上课了……）

蓦地抬起眼睛，庭院里一片明朗。不知何时雨也停了，院子里的树木间有刺眼的光洒下来。树与树的叶子像刚洒过水似

---

1. 萨摩切子：幕末到明治时期由萨摩藩（今鹿儿岛西部）生产的一种玻璃工艺品。玻璃表面施有一层通透的彩色，内有细致的纹理。
2. 原文为“果子切り楊枝”，字面意思是切点心的牙签，此处是指一种专门用来食用果子的银质小餐具，比普通餐刀小巧，比牙签粗长且精致。

的光芒四射。椿树叶被照得像玉石，吊钟花、蜡瓣花的绿叶尖儿上有水珠在发光。庭院里的踏脚石上也有少量积水反射着阳光。

站在水房里的时候，听见庭院中柿子树的叶片在沙沙摇晃，金线草纤细的茎部齐齐低头行礼。风钻过衣领，“咻——”地带走了汗水。

回头再看壁龛。

……雨收，花竹凉。

（啊……这一瞬间，出现共时性了。）

在这里，不时会有共时性事件[1]（偶然的一致）发生。

老师总是会根据季节、天气与当时的情况，在教室里为我们精心布置与安排。这样一来，便会有某种现象出现……

例如某天，看到“熏风自南来”的挂轴时，刚好有一阵舒适的风忽地从庭院里吹来，带来新绿的气息。

又如某一天，壁龛处挂上了雷神的大津绘[2]卷轴。板着脸的

1. 共时性事件：即 Synchronicity。指心中所想的事态与现实中发生的事出现一致。
2. 大津绘：元禄时期（1688—1704）在大津的追分周边贩卖并流行的一种画，题材包括佛像、民间信仰和传说等。

青梅

雷神将太鼓掉进了海里，并慌慌张张将其打捞上来，是这样一幅幽默的画。接下来，在上课时，天空突然传来巨响，雨哗哗地下了起来。

只要留心，就会发现很多细微的偶然在不断发生。意识到这一点，并在心中发出“啊”的叫喊，一动不动地坐着，内心却怦怦直跳。

结束课程回家的路上，想着去看看斑嘴鸭一家的状况，便顺道去了公园的池塘。一阵子没见，小鸭子们已经变大了不少。有的翘着屁股在水里找饵食，有的则任性地扑棱着翅膀模仿飞翔的姿态，真是说不出的可爱。

蜻蜓轻巧地掠过水面，不知何处飘来甜甜的栀子花香，让人仿若置身于东南亚的旅游胜地。

时间已近六点，天还亮着，白昼还长。

说起来很快就要到夏至了。

夏至 ［六月二十一日前后］

水无月[1]

睡不着觉，凝视黑暗直到天明。当天空泛白、早报落入邮筒的声音传来时，才稍微感到些困倦。这样的夜晚一直持续着。

因计划出版而开始撰写的稿件就那样中断着，虽然多次尝试继续，却每每因挫折而丧失写下去的自信。

打印出来的稿件纸页就那样堆积在书架上，如今已落了层灰。

---

1. 水无月：日本对六月的别称。

今年也即将过半了。啊，必须赶紧写才行……如此责备着自己，度过了一个又一个不眠之夜。

星期三，晴。肩膀和背部僵硬得很严重。因为想要缓解自己焦灼的心情，便去了茶道教室。

刚踏出家门一步，便被饱含水汽的滞重空气包裹了。一边走，一边觉得自己像钻进了一块软答答的琼脂里。在这琼脂之中，绽放在路旁人家树篱上的栀子花飘来沁人心脾的香气。

在老师家的玄关处脱鞋时，看到鞋架上有一个小小的相框。老师喜欢在里面放上她中意的明信片，并不时更换。

今天放在那里的是广玉兰的画。广玉兰是大树，这个时期，在那高高的枝干尖端上，会有白色的大花向着天空绽放。那幅画与写在旁边的几句诗映入我的眼帘。

人　向着天空入眠

是在说着　凝视永远吗

“富弘”这个署名我有印象，是诗人和画家星野富弘先生。

进入茶道教室后，看到壁龛装饰柱上挂着的竹制鲇笼[1]里，插着涂了白粉似的白色半夏生。

“请用果子吧。”

打开冷藏过的食盒盖子，里面放着切成三角形的半透明米粉糕，上面还点缀着许多红豆。

“这是水无月哦。六月也很快就要结束了呀。”

过去，宫中会在旧历的六月一日，举行吃冰祛除暑气的仪式。

冰是从储藏天然的雪或冰的被称为“冰室”的洞穴里运来的极其贵重的东西。而吃不到冰的庶民，据说便是食用模仿冰片做成的果子来替代，以此忍耐暑热。

作为此事的余韵，京都至今依然将水无月作为被除当年前半厄运的吉祥物，保留着每年六月三十日食用它的习俗。

用切果刀切下三角形米糕的一角，放入口中。圆溜溜又冰凉的口感与红豆的甜味混合在一起。

“啊，好吃。”

“不过，吃了水无月，说明今年也快过去一半了呢。”

---

1. 鲇笼：竹编的笼子，形状像一颗子弹，开口较窄，身长，底部收缩为锥形。据说从前是在京都桂川附近的人用来捕捞鲇鱼的，现在作为花器使用。

水无月

“上了年纪后，一年简直转瞬即逝呢。”

“说起来，昨天是夏至呀。”

冬至过后已有半年。日照时间逐渐变长，眼下是一年中最长的时候。夏天的太阳位置很高，投射进室内的光线很短。

每周，在这个茶道教室里过完下午以后，通过照进室内的阳光长短，便能知道不同季节太阳高度的变化。

去年冬至，阳光从南边窗户一直照进了教室最里面，照亮了并排正坐于此处的我们膝上交叠的手背。然而现在，强烈的阳光只照到了檐廊一端。

继萩尾太太、深泽太太之后，我也完成了点茶。像往常一样一边注意着手上动作，一边在心中反刍。

（手肘，不要张得太开。）

（支起长柄勺的时候，要在瞬间集中心神。）

（一旦放下便不再纠正。不做多余的动作。）

其间不断回想以往老师提醒过的事项，连指尖的动作也要加以注意。

全神贯注地点完茶后，心情总会变得轻松……

然而那天却不一样。向大家行礼致意并回到水房后，我无力地坐在地上，叹了口气。

一种无法言喻的疲惫感充满全身。

小暑·一 ［七月七日前后］

瀑布

总有些无法排遣的时刻。

（干脆，就放弃努力吧……）

产生这样的想法，是在几天后。

想将自己整个儿豁出去，全都托付给或许该称之为命运的某种宏大之物。

休息吧。这样决定之后，便有凉风从院子里“哗”地吹来。仿佛有什么在说着“Yes”！

白天和朋友吃饭，晚上到电影院看了恋爱喜剧片。第二天乘电车去看海，途中买了书。翻阅与工作无关的书籍，已经是时隔好几个月的事了吧。

很快便感觉情绪放松下来，也深刻意识到，工作没有进展产生的焦虑感将自己束缚得有多严重。

泡澡的时候在水里缓缓伸展四肢，夜里钻入棉被，回想起在老师家的玄关处看过的那幅广玉兰的画与诗句。

人　向着天空入眠

是在说着 凝视永远吗

久违地进入了深度睡眠。不知不觉间，背部的僵硬感也消失了。

想起从前在杂志采访时拜会的原NHK天气播报员仓嶋厚先生。

仓嶋先生曾经因妻子患癌症去世，心生失落感而患上抑郁症。住院期间也十分焦虑，想着“必须做这个”“必须做那个”。据说面对这样的仓嶋先生，一位前来看望他的熟人说了这样的话给他听。

“意志消沉的时候，只需要抓紧地球就好哦。地球猛烈地旋转着，如果不紧紧抓牢，就会被吹走。”

别再继续自责，告诉自己必须努力了……

若是累了，留在季节里便好。不必想着要去别的什么地方，因为日本在围着四季打转。

在十岁左右的少女时期，对我而言，季节不过只是流淌在背景屏幕里的单纯的风景。季节的流转之类，也不会对我的人生产生任何影响。不仅如此，如果可能，那时的我还想一整年都生活在恒定舒适的温度中。

然而，随着年岁增长，我渐渐能感受到季节了……

我们无法领先季节跑到前面，也无法掉转头来停留在同样的季节里。总是和季节一起变化，因为一瞬的光，吹过树林的风而重整内心，或是让自己在下个不停的雨的雨声中获得治愈。

会有花开之时，人生出现崭新局面的情形，也有在心里做出决断时，风对自己说出“Yes”的情形。

我们并不在季节的流转之外，而是原本就置身其中。因此，在感到疲惫的时候，将自己交付于这流转之中就好……

星期三，晴。气温三十摄氏度。

一念之下，穿了纱罗质地的和服去上课。从头顶压下来的阳光照得脚边的影子又短又浓。擦肩而过的人对我说着：

“看起来好凉快啊，真好。”

身穿和服的我却热得受不了。

教室外的纸拉门已经拆除，换上了芦苇茎做成的“苇户”。屋子里很暗，透过苇户缝隙所见的室外光线十分强烈。

石造洗手盆里变温的水让人想起暑假里的游泳池。水房入口处所挂的布帘在风中轻飘飘地摇晃。

壁龛处的挂轴上写着“瀧”[1]。最后的一笔没有向上弯折，而是一口气落向了长纸的底部。远远望去，仿佛有凉风从瀑布潭里吹来，汗水也止住了。

细颈的虫笼花瓶[2]里，插着白色的木槿与红色的金线草。

以五彩描绘烟草叶与唐草纹样的荷兰绘水指。绘有蝾螺的盖托[3]。绘着螃蟹的茶碗。

黑漆的中次[4]茶器拥有茶筒一般洗练的外形，揭开盖子后，杯筒周围向上的部分绘有鱼鳞似的青海波纹样。每次揭开盖子，感觉都像是听见了波涛的喧嚣。

---

1. 瀧：即瀑布。为了让后文对书法笔势的描述更直观而保留了日文里的该字。
2. 虫笼花瓶：一种细口宽肚的竹编花器，形状像小酒瓶。
3. 盖托：茶道具之一。用来放置锅盖或柄勺的器具。材料与形状多种多样。
4. 中次：一种茶叶筒。接口在中间，盖与筒等长。

青海波中次

不过，锅前面很热。一旦开始点茶，背上便有汗水涓涓淌下。

这样炎热的天气，虽然大可不必勉强穿和服过来，但我今天就是想穿。被迫的忍耐与自愿的忍耐是有区别的。

沙沙沙沙……

身体转向斜面，将装有刚点好的薄茶茶碗推向榻榻米另一侧，再将身体回转过来，接受对方一句“承蒙款待”的致意。接着，直到茶碗返还以前，都须摆正姿势，双手置于膝上，视线落在膝前静静等待。

就在那一刻。突然，我体内有一阵电流游走似的快感一闪而过。

（这样就好……）

什么叫“这样就好”？我也不知道。不过，有什么东西涌上心间，眼前变得模糊不清起来。

那一刻，我突然如此想到。

（虽然也有疲惫不堪的日子……但我要，在自己选择的道路上苦战到底。）

结束点茶，从茶道口钻出。

我大大地呼出一口气，拢了拢额上被汗水粘住的刘海儿。

那一瞬间，轻轻从庭院里吹来的微风是多么爽快啊！

小暑·二 ［七月七日前后］

骤雨

惬意而晴朗的午后，与住在我家附近的朋友一起到公园的池塘周围散步。

路旁民宅的庭院里开着白色的蜀葵，越过墙垣的凌霄花藤蔓上，有亮橙色的花朵在盛放。

斑嘴鸭的孩子已经完全长大成熟，拥有了与父母同色的羽毛，它们在睡莲花间或桥下游来游去，就像在自家院子里一样。一家子游过的水面，涟漪向外扩散，风一吹，水草便摇晃起来。

与朋友坐在树荫下的长凳上聊天时，天空突然转阴，风也变了。池畔钓鱼的人、欣赏斑嘴鸭的观众不知何时都离开了。

远处刚有雷声响起，头顶便出现了黑云。

我俩都没带伞。

“雷阵雨快来了。”

“回家吧！”

我们急忙从凳子上起身，绕过飘着忍冬花甜香的小路，朝着家的方向跑上坡道。空气很闷，水的腥臭味弥漫过来。

爬坡途中，雨点啪嗒着落了下来。转瞬之间，啪嗒啪嗒的雨点在干燥的柏油路上打下黑色的斑痕，“哗——”地一口气变大了。雨水暖暖的，落在地面笼起白色的雾气。

天空轰隆轰隆地鸣响着。我们跑到道路一分为二的地方也没有停步，说了声“回头见啦！”，便各自跑向自家的方向。

刚进家门的时候，全身都湿透了，发梢还有雨水滴落。

洗了个热水澡后，一边喝着冰镇梅酒，一边眺望叩窗而来的雨。

是由于刚在雨中奔跑过的缘故吗？我心中十分欢腾，仿佛等待这场雷阵雨已久。

像热带地区的骤雨那样下了一个小时左右，雨便停了，天空染上了粉色的晚霞。

梅雨季快要结束了。

大暑 [七月二十三日前后]

吊桶形状的水指

梅雨季终于结束，连日的酷暑持续着。没有风，庭院的景色像一幅静物画，树叶纹丝不动。人仿佛置身于温水中，哪怕一动不动也会流汗。

星期三，今天也是热浪滔天的晴空。前往茶道教室的途中，柏油马路被烤得像块铁板。因为是正午，没有阴凉的地方。民宅庭院里的向日葵也有气无力地垂下了头。

一进老师家的玄关，便不由自主地发出“啊，好热”的声音。正擦着身上的汗，听到厨房传来老师的声音。

“水房里有冰好的麦茶，自己喝哦。”

“好的，谢谢！”

瞟一眼鞋架上的彩纸，是葡萄茶色的朝颜[1]……以前听人说过，因为歌舞伎演员市川团十郎家族代代都使用这种颜色，这种颜色的朝颜也被称为“团十郎朝颜”。

水房里铺着地板，凉爽而惬意。咕咚咕咚喝完麦茶，“哈——”地呼出一口气。

看了看教室的壁龛，今天没有挂轴，而是装饰着一把团扇。扇面上写着“寿々風”。

“老师，这个，怎么读呢？”

“すずかぜ。”[2]

啊——我不禁拍手。

团扇上写“すずかぜ”[3]……简直太幽默了吧。

带把手的竹笼花篮里有白色的木槿、红色的姬百合，还插着两三根带来凉爽气息的斑叶芒。

---

1. 朝颜：即牵牛花。
2. 读作“suzukaze”，音同“凉风”。
3. 此处取“凉风”意。

水指的形状是从水井里汲水时使用的吊桶 。第一次在课上使用这种吊桶形状的水指时，老师曾说过：

“过去，在夏天使用木制的吊桶形水指的时候，会将其哗啦一下浸入水中，就那样湿淋淋地放在榻榻米上哦。”

此前，我们一直被告知水指要在擦净水汽后才能放在榻榻米或架子上。

“欸？就那样放吗？不擦干就直接放在榻榻米上？”

我大吃一惊，反问道：

“这样一来榻榻米不就会被弄得湿答答的了吗？！”

过去的茶人们在这暑热的季节里，为了招待客人，带给他们清凉，竟然要细致安排到如此地步吗？

今天的果子是玉川。通透的锦玉羹里，有许多塑形成小石子状的羊羹。石英般熠熠生辉的断面与陡立的棱角就像切割后的冰块一样，澄澈透明的立方体内，仿佛能看见清澈小溪的底部。

用切果刀切分，放进嘴里，锦玉羹松散地碎裂，甜味充满口腔。

即使是在这种清凉的演绎中，也唯有茶是热的。

发白的萩烧夏季茶碗放在眼前。拿在手里，如同洗褪色的木棉般朴素的手感传递着茶的温热。

恭敬地接过茶碗，在身前转动两次，覆口其上。

咖啡因的香气冲入鼻腔，热而微苦的液体通过喉咙和食道向下而去……嘴里果子的甜味变淡了些，舌尖叠加了抹茶的香气。舍不得吃完似的一口一口细细品尝，同时重重地深呼吸。

发出“咻”的声音，将茶碗放下时，我不由得“啊”了一声。话说回来，最近天气热，无论去哪里，都在吃冷的东西。或许是因为这个吧，内脏也开始感到疲倦了。

暑天里喝的热茶真好，让身体也舒爽起来。

四周传来此起彼伏的聊天声。

“您家请了和尚来念经吗？”

“是啊，已经来过了。这么炎热的天气，和尚们也很辛苦啊。”

“我家只烧了迎灵火[1]。”

“可是，听说如果没有敲钟的声音，成佛的先祖们回来时会找不到家的方向哦。”

“是吗？”

---

1. 迎灵火（迎え火）：盂兰盆节第一天夜里，为迎接祖先之灵而在门口焚烧的火。

玉川

“你们会用茄子和黄瓜做小马[1]之类的吗？”

“没做过。”

话题已经变成了盂兰盆节。进入八月后，茶道课也要放暑假了。下次上课要间隔一个月以上，比年末、年初的假期还长。我们收拾整理好之后，互相道着：

“下次见面就是九月了。”

“天气变凉快一点就好了。”

然后走在热气残存的小路上回家了。

---

1. 指“精灵马”，是在黄瓜或茄子下面插上四根小木棍做成的小马。一般装饰在盂兰盆节的供品台上。

秋之章

立秋 ［ 八月七日前后 ］

蝉声

茶道课一直休假至八月末的最大原因，是在酷热的天气里上课太辛苦了。况且，学生之中有人会在八月与家人出门旅行，也有许多人会迎来平时不住在一起的儿子、女儿一家。

不属于以上情况的我的星期三午后也变成了自由时间，得以悠闲地度过。

星期六，台风抵达冲绳。大约两天后就要逼近关东。一早便十分猛烈的湿气让人汗水流个不停。

一整天，我都待在空调房里写稿子度过。

蝉抓住时机叫个不停。是因为油蝉聚集在附近的树丛里吗？它们争先恐后地发出“吱吱”“吱吱”的叫声，声音渐渐嘈杂地重叠在一起，形成“吱——吱——吱——”的节奏，并进入白热化状态。

其间偶尔又会出现几声音调特别高的，那是昼鸣蝉在独自高歌。

傍晚，亲戚寄来的一大堆玉米送到了。

唰啦唰啦剥下淡绿色的外皮与金色的玉米须，马上用大锅蒸煮。厨房里升腾的蒸汽已经有甜味了。

将刚蒸好的热玉米像拿口琴似的横放在嘴边，与母亲两人呼呼地一边吹气一边啃。牙齿嵌进紧密排列的黄色颗粒中，迸溅而出的汁水就像竹笋尖一样带着微甜。

星期三。昨日因为强劲的台风与滞雨而度过了烦闷的一天，今早台风一过，天气便晴了。

气温虽高，空气却像整个儿被清洗过那样澄净。

明天是立秋。不过，猛烈的暑气完全无法让人相信这已是秋天的初始。

照往年来看，这样的酷暑与夜晚热得睡不着觉的日子还会

玉米

持续一个多月，可见节气与实际气候之间有相当的差距。

午后，买完东西回家途中顺道去了公园的池畔，发现斑嘴鸭已经长得分不出哪只是父母、哪只是孩子了。平日里观赏的人也消失了踪迹，只有放暑假的孩子们在钓着蝲蛄。

蝉鸣吵得几乎让人烦躁。绕着池塘散步时，脚边散落了不少蝉的尸骸。从水面轻快掠过的是白尾灰蜻。

夜里，泡澡的时候，听到一只铃虫[1]用透亮的音色唱着歌。

明明暑气正盛，但确实有一丝秋意出现了……

---

1. 铃虫：即金钟儿。

处暑 ［八月二十三日前后］

心的时差

暑假里，我去了英国旅行。

日本持续着超过三十五摄氏度的酷暑天气，英国的最高气温却只有二十二摄氏度。约克郡的早上只有九摄氏度。冷得受不了，我在酒店的房间里打开了暖炉。

夜里，八点以后天还是亮的，让人感受到纬度之高。到了午后，影子变得很长很长，简直有日本的晚秋之感。比起蒸桑拿似的日本八月，英国的夏天简直太舒适了吧。

不过，总觉得哪里有些违和……

明明是八月，却有紫阳花和虞美人盛开。日本秋天才开的秋牡丹在这里开得正盛。

此外，栗子结出了果实，爬山虎变成了红色，还结了许多花楸似的鲜红果实。日本的初夏到初冬在这里混合存在着。

向住在当地的人一打听，原来这里的花一旦开放，就很难凋零。据说樱花竟能开一个月。

最初我觉得很奇特，就像泡在热水与冷水无法完全融合的浴缸里那样感觉不适。然而，过了一阵子，我渐渐开始分不清自己究竟处于哪个季节，违和感也消失了。

在日本，只要看到盛开的花，就能知道当下是什么季节。花能告知季节，就像方向感一样。生长在那样的环境里，便觉得那是理所当然的。可是那并非理所当然。

旅行回来是九月初，刚好是在台风撤离日本之后。

整理出门期间投递到家里的大量包裹时，手里一本杂志的封面照片吸引了我的目光。

那是一张被芒草覆盖的原野照片。沐浴朝阳的芒穗像马的鬃毛一样随风摇曳，仿佛银色的海洋……在芒草的海原之上，甚至能看见风翻滚的形状。

我为了倒回“时差”，而开始回想季节感。

第二天，为了取回邮寄的小件行李而去了邮局。途中，看到堤岸上一所老房子的庭院里，胡枝子垂撒着瀑布般的枝条。沿路还有散落的紫红色小花堆出一团团粉色。

密密覆盖着山崖的硕大葛叶在风中飘然翻卷着，开在阴影里的紫红色花穗则在此刻隐约露出身姿。

眼下的我，能明确感受到季节流转到了哪里。那不是日历或钟表所示的数字，而是心里的时间。

进入九月，残暑的气势依旧很盛，夜晚却能听到四处传来的虫鸣。掺杂在铃虫“铃——铃——”的音色之中，蟋蟀也嚁嚁、嚁嚁地鸣叫着。

星期五，与编辑淡岛女士见面磋商。

淡岛女士是个习茶道多年的人。我对她说起了此次英国之旅。

在告诉她那边的樱花似乎能开一个月的时候，淡岛女士笑着说：

“那可真是难以消受呀。”

日本的季节里充满了“唯有当下才有”的事，转瞬便会流逝。因此，我们是在季节里，活在每个瞬间的“当下”。

白露 [九月八日前后]

十五夜

星期三，晴。残暑。今天是茶道课重开的日子。

走出开着空调的家，室外热得十分难受，简直让人想大叫。鼻尖还闻到一股什么东西滋啦滋啦被烤焦的味道。

满身大汗地走进老师家的玄关时，看到了摆在鞋架上的彩纸，不由得心里一惊。

上面写着一个“喝”[1]字……

1. “喝”字在日文语境中表示“呵斥”，也是禅宗里为叱责或激励修行者而发出的声音。

我禁不住笑了。心想，对于暑假里身心懈怠的我们而言，这突如其来的问候真有老师的特色啊。

坐于蹲踞前时，发现庭院里的金线草成簇地开花了，细弱的茎上像沾满芝麻似的开着星星点点的红色小花。胡枝子也是，金线草也是，秋天的花都让人心生无常之感。

望向挂轴。

“掬水月在手”。

“很快就要到今年的‘中秋名月’[1]了呢。”

老师说。

“啊，已经要到赏月的日子了呀……”

“总觉得松了口气呢。”

我一边听着这些话，一边将视线投向放在壁龛前榻榻米上的花笼，里面插着木槿与白色的秋牡丹，还有一根细长的芒草。残暑之中，仿佛有一缕来自秋日原野的风吹过。

旧历八月十五日即“十五夜”的月亮就是“中秋名月”。每年具体日期虽然会变，但只要天气晴朗，就能看到一年中最美

1. 中秋名月：在日本是指旧历八月十五夜或九月十三夜的月亮。

的月亮。过去的人们，在这天会举行赏月的仪式，共享秋夜。

今天的水指，是提桶形状的，正面绘有抚子[1]、女郎花[2]等秋季花草图案，上面盖着一分为二的黑漆拼盖。

覆满菊花纹样的萩烧食盒置于眼前。

“请轮流取食果子吧。”

揭开盖子，里面是并排放着的蛋黄时雨馒头。那圆圆的黄色表面，还烙着在风中摇曳的芒草印记。

“满月[3]配芒草呀……”

“据说这叫‘嵯峨野’哦。”

将果子放在怀纸上，用牙签[4]切下一块，放入口中。蛋黄皮在口中分崩离析，甜味里氤氲着蛋黄的风味。

“枣”的盖子上画着一只铃虫。那翅膀上的螺钿工艺会随着观赏角度的变化闪烁出彩虹色的光。

萩尾太太点茶结束后，说了句“下一位请”，便轮到我了。

---

1. 抚子：即瞿麦。
2. 女郎花：即败酱。
3. 满月：圆圆的黄色馒头。
4. 前面也曾提到，茶道中用来食用果子的牙签都不是我们日常中剔牙的那种，而是具有一定宽度和厚度、木质或银质的小餐刀。

武藏野　盖托

“请多多指教。”

我对老师行了个礼，进入水房开始做准备工作。

休假过后的第一次点茶让人有些紧张。帛纱那松软的丝质手感也已久违了。我心里有些没底，像走上舞台似的迈出左脚，跨过茶道口的门槛。

取出建水[1]里的盖托放在风炉旁的角落，提起长柄勺时，竹制长柄的触感让我心安。

先向大家行礼致意，接着以端正的姿势正坐，深呼吸。心也慢慢在榻榻米上落定。

（没关系。）

有什么在对我细语。

左手将建水向前推。

接下来……很快便顺利进入下一个动作——拍了拍帛纱。

“啪”的一声，音色不错。

叠帛纱的位置，持“枣”的手势高低，一个个细节都用心去做。动作干脆利落。用长柄勺注水时的音色也很清朗。

---

1. 建水：茶道用具之一，用来盛放清洗或温热茶碗的水。材质与形状各式各样。

沙沙沙沙……

从手到茶筅前端都饱含心意。手上动作毫无停滞地进行着。

虽然假期里体重增加了，此刻却没有腿麻。

并拢双脚站起身来的即立动作明明是我的弱项，今天却轻松地站起来了。

出了茶道口后，心情也像视界一样瞬间开阔了。

这种舒畅感，究竟是什么呢……

忽地，想起一位比我大十岁的朋友。那人练习书法，总是把流利美观的毛笔字写在贺年卡上寄给我。

曾几何时，她说过这样的话……

刚开始学习书法的时候，自己能感觉出伴随练习，技艺在不断提高。老师也会夸奖她。她因得心应手而心生愉悦，拼命练习。

可是，过了一段时间，她开始看不到自己的成长，进入了停滞期。据说是因为渐渐无法再感受到刚开始学习时的乐趣，她便以工作繁忙为借口，暂时停止了书法练习。

就在这期间的某一天，在一家偶然进入的店里，她遇到一块上好的砚台，并买下了它。

试着用这块砚台磨的墨来写书法，对书道的热情再度复苏了。

久违地去到书法教室，拿起了笔。

老师看了她流畅挥毫所书的文字，说：

“技艺有长进呢。”

闻言，她十分震惊。因为远离书法课的这段时间里，她几乎没有提过笔。

是什么让她进步了呢……

或许，她一直在心里持续挥毫书写着也说不定。

在所见之物、所感之物上无意识地持续书写，让内心不断向前，向前迈进，正是因为这样，才能遇到那块上好的砚台。

于是，在提起笔的时候，那份成长也以技艺进步的形式表现出来了，不是吗？

学习的不是技术，而是前进之道。

人，即使在看似没有任何进步的时候，也不会丧失自己花费时间所学之物。

暑假结束后的第一次点茶，就像在爬一条长长的坡道途中，突然来到一处风景绝佳的高台，让人神清气爽。

回家路上，天空蓝得惊人。残暑虽然还在持续，天空却已完全变成了秋天的样子，卷云像撕碎的棉花糖一样飘浮着。

站在工作室外的阳台上，以晚霞为背景的富士山剪影清晰可见。

秋分·一 [九月二十三日前后]

彼岸花

这段时间，我一直宅在工作室里写稿，回过神来才发现，已经秋分了。

又一次，昼与夜的时长相等了。

作为冬至与夏至的中间点，春分和秋分当天的太阳会从正东方向升上天空，又落入正西方向。

从前的人们相信死者存在于太阳落入的西方，并将死者所在的那个世界称为“彼岸”，即彼方之岸。他们还认为，太阳落入正西方向的那天，就是这个世界与那个世界最接近，也最容易沟通的时间点。出于这个原因，春分、秋分至今仍被称为“彼岸之日”，是个适合扫墓的日子。

此外，就像俗话说的，“冷热不过彼岸之日”[1]，春分、秋分是季节终于开始交替的时期。

今早起来，发现旺盛的暑气已经很自然地切换为秋日的空气，气温下降了五摄氏度。

“果然已经是秋天了呀。之前太热了，我还以为秋天不会来了呢。”

母亲一脸放下心来地说。

上午，我和母亲一同去给父亲扫墓。

进入寺庙大门后，发现附近的堤岸上今年也有彼岸花盛开。在从地面直直伸长的花茎前端，花朵如火焰般赤红地绽放……

彼岸花十分奇妙，会在秋季的彼岸之日，突然出现在墓地或是田间的菜畦里。虽然也有白色或黄色，但数量占压倒性的还是红色，像血一样鲜红。正因如此，它让人产生一种宿命感，也有人认为这种花不吉利而心生忌讳。不过，若是纯粹地将其

1. “暑さも寒さも彼岸まで”，意思是天冷也好，天热也好，到了彼岸之日就到头了。接下来就该变暖或变凉了。

虫与秋草莳绘　中枣

视为花朵来欣赏，会感到它们是那么妖艳与纤柔。对我而言，彼岸花就像线香花火[1]的火花燃烧得最绚丽的那个瞬间。

每年最令人感到不可思议的，便是这种花总像是约好了似的在彼岸之日绽放。不必说，花并不是配合日历盛开的。它们有着自己的体内时钟，能感知季节，会在应该开花的时候开放。因此，根据当年日照时间和气温的不同，开花时期也会前后移动。事实上眼下，老师家里的庭院里，本来该在冬天开放的椿花已经提早开始绽放了。

“开得太早了呢。再往后要是没有可供装饰的椿花了该怎么办呀。”

老师备感困扰。不过，彼岸花今年也精准地在彼岸之日盛开了。这种花或许拥有某种特殊的传感器也说不定。

在墓前供上花与香，母亲合掌拜过之后，一只红色的蜻蜓停在墓后的塔形木牌上敛翅休息。

结束扫墓的回家途中，我们沿着常走的步行道散步，穿过绿地和竹林走向车站。原野上肆意生长着芒草、长戟叶蓼以及

1. 线香花火：日本的一种手持线形烟火。点燃后会放出小树枝形状的漂亮火花，类似中国的仙女棒。但线香火花是从下往上燃的。

淡紫色的佩兰，以及花瓣上带紫色斑点花纹的某种杜鹃，红蜻蜓在其间纷飞交错。

秋分·二 ［九月二十三日前后］

芒草梅雨

星期三。昨晚开始便下起了淅淅沥沥的雨。残暑转瞬即逝，变成有些寂寥的微寒天气。或许是因为这温度差引出了夏日里累积的疲乏，让人莫名生出倦意。

撑着伞去上茶道课。

壁龛处挂着未见惯的经文卷轴。

装饰用的花是秋牡丹、地榆，以及一种结着黑色果实、形似麦子的植物。

“这果实，知道是什么吗？”

……那是像薏苡一样光溜溜的果实，仔细一看也像眼泪的形状。

“是数珠玉[1]哦。从附近采回来的。因为是彼岸之日嘛。”

说起来，我记得自己小时候曾经摘下这种果实，用针线穿成一串儿玩过。还曾听说和尚们使用的念珠，也是这种果实干燥后穿起来做成的。

继寺岛太太、萩尾太太之后，深泽太太点了薄茶。

涂漆的盘子上放着桔梗形状的砂糖果子与烤麸等干果子。月牙形的盖托上绘有芒草。

我接过以“爬山虎红叶”茶碗所点的薄茶，带着金色的藤蔓上还画有青或紫的野生葡萄。

喝过茶之后，通常都是欣赏茶器和茶匙。

“枣”上画着随风摇曳的秋草，那沙沙摇动的草叶间，仿佛能听见“铃铃”的虫鸣声。

“请问‘枣’的涂漆是？制作它的工匠是？”

像这样问过之后，就该请教茶匙之铭[2]了。

茶匙，如今在店里买的情况比较常见。然而在过去，茶匙

1. 数珠玉：禾本科多年生草本植物。薏苡是其变种。二者果实相似却又不同。
2. 铭：特意为器皿所起的名字。

据说是每次茶会前由主人亲自削成的。尤其是在武士动辄拼上性命的战国时代，茶会其实大都是主人与客人一期一会的场所。因此主人会饱含心意地制作茶匙，并为其取一个有意义的铭。历史上遗留下来的茶匙之铭很多，其中的“泪”，作为奉秀吉之命自戕的利休[1]离世前最后所削的茶匙之名而广为人知。

即便是现在，由茶道宗匠或名寺老僧命名的茶匙也很多。但在普通的茶道课上，是由自己为课上所用的茶匙命名的。这也是一种训练，需要考虑与季节、当场环境相适应的铭。

“这茶匙的铭是？”

正客寺岛太太发问，深泽太太答：

“名为‘秋霖’。”

从昨晚便下起来的雨以一种寂寥的音色落个不停……

空气中响起无声的“啊”。

“秋霖”是指秋天的长雨[2]，别名也叫“芒草梅雨”。

---

1. 利休：即千利休。安土桃山时期的茶人，千家流茶道的创始者。曾师从武野绍鸥学习村田珠光所传的“侘茶”，对各种茶道具很有研究。先后仕于织田信长、丰臣秀吉，成为御茶头，并被奉为天下第一的宗匠。后因触怒秀吉而被赐切腹自戕。
2. 长雨：指长时间的持续降雨。

说到梅雨，一般是指梅树结出果实之时的长雨，但其实日本每到季节变化之时都会下很长时间的雨，“梅雨”两个字也会被用来命名不同季节的长雨。

初春时节，油菜花将堤岸染成一片黄色时的“油菜梅雨”，梅树结果时的“梅雨”，初秋的“芒草梅雨”（秋霖），以及初冬的“山茶梅雨”。

当晚，我横卧着听雨。

夏至之时，雨打在充满活力的紫阳花那舒展的大叶片上，发出用手指戳帐篷布时的嗒嗒声。拍打在八角金盘叶片上的大颗雨珠像豆子落在伞面弹开似的发出啪啦啪啦的声音。

然而，在叶片失去气势的眼下，雨只是吧嗒吧嗒落个不停。

秋霖第二天也仍在下。

寒露 ［十月八日前后］

渔夫的生涯

长雨终于结束了。一个蓝天澄净的日子，不知从哪里传来一阵柑橘类的甜香味儿。

（啊，是金桂……）

每年这个时期，整个街区都会被淡淡的甜香包裹，町内老房子的墙垣上会开出密密麻麻的蜜柑色十字形花朵。

星期五，天气晴朗。

两项工作接连被取消，原本直到未来一段时间都填得满满当当的日程表突然空出一块。那一瞬间，一阵寒风拂过脊背。

从我决定当一名自由职业者靠写作为生的时候起，便明白自己会过上收入不稳定的日子。

父母担心地说：

“我们是不可能永远活着的呀。如果你将来写不下去了，该怎么办？只靠梦想是吃不起饭的哦。”

我明白这是一条行之不易的路，但若是在此处听从周围人的意见随波逐流，将来的人生也会一直在重要问题上被他人意见所左右吧。

“我想按照自己希望的样子活下去。”

这样想着，我坚持己见直到最后。

父母之所以同意我这样做，大概是因为他们觉得，我总有一天是要结婚的吧。

婚约废除。接着又有过几次失恋，我至今依然单身。

“我一直希望你能拥有一个幸福的家庭。”

父亲晚年时曾落寞地说过。一想起那时候的父亲，我便心生悲伤。

不过，在父亲为女儿描绘的理想人生中，我是否真的活出了自己，这不得而知。

按自己所选的道路走到如今，我对此毫无悔意。只要眼前有工作，便将其处理好，时间也就这样一天天地过去了。

可是，只要工作委托一中断，我便会因自己处境不稳定而感到惊恐。

即便如此，年轻时还是想着："万一出了什么状况，不管做什么都行，只要能活下去。"

而我已不再年轻。

（我处在人生的哪个阶段呢？离上岸还很远吗……能安全到达吗……）

如此想着，渐渐变得不安。

星期一。早上，天还没亮我便离开家向羽田机场出发。因为此前计划为一家旅行杂志取材，这天一大早便坐飞机去了九州。

漫步在初来乍到之地的海岸线上。

明净的阳光洒落在漫长岁月中被海风吹得倾斜的松树林上，光线透过树叶间的缝隙在地面投下斑驳的光影。拂过树梢的松风在耳畔响起。

坐上渡船，一边听着黑尾鸥的叫声，一边向洋面上的小岛驶去。

走在单调无趣的田间小路上时，看到山崖斜面上开着白色的野路菊。

山上树木的叶子全都变成了红或黄色，在岛上的食堂里拍摄完鱼料理的照片后，这天的工作就结束了。

趁着太阳还没下山，回到住处泡入温泉，在浴池里伸展手足。阳光反射在温水表面，天花板上的网眼状纹路悠悠地晃荡着。窗户另一侧是蔓延的松林，松林的另一边能看到海。

（得救了……）

当心中不安而动荡的时候，在陌生土地上遇到陌生人一事能带来慰藉。对工作产生的不安，又被工作拯救了。

因为旅途中的疲惫，什么也没想便睡着了。

星期三，晴。早上开始便有些凉。从置物柜里取出暖炉，在长袖罩衫外披上毛衣。午后，出发去茶道教室。

进入教室的瞬间，产生了一种柔软温暖的感觉。我心生讶异。原来是眼前的门重新换回了纸拉门。夏日里，透过苇户的缝隙隐约可见外面的庭院，而现下，白色纸拉门上映出了柿树的影子。

从敞开的纸拉门缝隙间洒入的光线，一直照到整个教室三分之二的位置。

视线落向壁龛，挂着的卷轴上写着：

“渔夫生涯竹一竿”。

清爽的风拂过。

渔夫只需要一根钓竿就能活下去……无须额外存钱。即便没有地位、名誉或财富，只要有一根钓竿，便能不媚于人地度过内心丰饶的一生。就是这样一种劳动者的境界。

老师不可能知道我心中的不安。可是，我却感到背后被“咚”地拍了一下，不由自主挺直了脊背。

再看榻榻米上的花瓶。那是垂在渔夫腰间，用来装他们捕获的鱼的“鱼篓”。里面插着山马兰、杜鹃、秋海棠、斑叶芒。

看着鱼篓里的花朵，我不禁弯起嘴角笑了。

（老师……真帅气呀。）

“请开始点茶吧。”

“好的。请多指教。”

我点了浓茶。

“森下小姐，刚才那个地方要自然流畅一点。一旦养成了习惯，就会把自己的小动作带进去，要多注意。”

“点茶过程中的动作并不都是同样的速度，有缓慢的，也有三两下结束的，要留心缓急的节奏。”

“道具一旦放下，就不要再反复修正位置。用眼睛估测，一次性决定好要放在哪里。这叫作‘养目’。”

即使不弄错顺序，老师的指摘也不会结束。切记不要显摆，自然而然地完成，连细节也不要马虎……

即便学习几十年，课题也不会结束，练习没有尽头。

最近我在想，在一条不断向前却永远走不到终点的路上行走，是多么愉快啊。

无论活到多少岁，也有一个能当面斥责自己、提点自己的人，是件多么幸福的事啊。

刚开始学习茶道的时候，总想着要早日习得完美的点茶。老师不表扬我“做得好”就不开心。

如今的我已不会再像当时那样，有什么明显可见、突飞猛进的成长了。但在看不见的地方，我至今仍然在向内不断变得成熟。

点茶完毕，我像往常一样说了声“多谢”，行完一礼，回到座位。

接下来是雪野小姐点薄茶。结束之后，“咻”地打开纸拉门时，洒进房内的阳光已经是金色了。

细竹蔓草纹缎面的茶具袋

“白昼时间变得相当短了呢。”

相比不断变得明亮的春天，秋日澄澈的阳光像优雅的老女人一样落寞，远处铁道口的信号提示音也带了丝寂寥的味道。

回家路上，天空的颜色像熟透的柿子，沙丁鱼似的红色云朵并排飘浮着。

夜里，锁上大门外出，冰凉的空气中有股不知从哪儿来的焚烧柴火的气味，空中则是一轮镰刀般锋利的新月。

霜降 ［十月二十三日前后］

清风万里

星期三，晴。

早上的电视里，放着从空中拍摄的北海道大雪山上美丽的红叶。绿色的针叶树与鲜红的阔叶树拼贴在一起，向前无限延伸着。那景色也像是贴在冲绳海底岩场的珊瑚群。终于到了各地红叶竞染的时节……

空气干爽舒适，我哼着歌晾起了被子。即便有过连呼吸都是煎熬的日子，也能忘记那些体验，如此愉快地仰望青天。人类弱小而又强大。

午后，去上茶道课。

今天的挂轴上写着：

“清风万里秋”。

字里行间仿佛让人看见秋日一望无垠的澄澈天空。

壁龛处稳稳安放着以粗壮竹根制作的稻塚花瓶，白色的秋明菊[1]插在其中。秋明菊虽然叫“菊”，长得却像银莲花。不仅如此，还清丽脱俗，与日本式的风雅十分相宜。

道具的排列也开始从“水的季节”向“火的季节”转移。

炎热时期所使用的广口平水指或玻璃水指，一般都放在距离客人很近的位置，而如今，草袋形的细水指放到了距离客人很远的角落里。

夏日里，为了远离火源和热气而摆在角落里的风炉如今则放到了榻榻米正中间[2]，锅中升腾着水汽。风炉的体积足够大，前面有一块 U 字形的凹陷，从那里可以看到在风炉里燃烧的炭火，以及炭火前的“灰”。

---

1. 秋明菊：即秋牡丹。

2. 在使用风炉的夏季，为了让客人感觉凉爽，风炉都会被放在房间角落点茶者所处的榻榻米左侧，水指则放在风炉右侧，离客人较近，给人以清凉感；唯有十月，天气渐渐变凉，风炉即将替换为冬季的炉，这时会将水指移至点茶者所处的榻榻米左侧，将风炉移至中间，称为中置（中置き），意在给客人以温暖感。

“灰”，是防止炭火热度直接传递到风炉表面的隔热物，也是用来稳定承载锅炉支架脚的基座。不过，在茶道里，根据风炉种类的不同，会将炉内的灰用抹子等轻轻抹成某种固定的形状，便于空气对流，炭火也容易点燃。

要将颗粒细小又轻飘飘的灰抹成固定的形状是很难的，想做得漂亮更是需要练习。因此，风炉的灰形也被称为茶道中的看点之一。

教授茶道的老师们会将季末收集起来的灰用筛子过滤，加入煮过的浓茶茶汤进行混合后保存起来，使用之前会用研钵充分将其碾碎直至变为白色……每年不断地如此循环使用，历经岁月后便能培养出上佳的质感。精心培养过的灰是无可取代的财产，甚至有句话说：“茶人若是遇到火灾，会带着灰逃跑。”

数年前，老师曾让我练习过灰形的抹法。风炉前是一个放着抹子、刮刀、笔等物品的道具箱。

“给你两小时。来，试试看吧。”

老师如此说道。那就像要用沙子堆出城堡，操作还更要细致，更需要集中精力。

颗粒细腻的灰很柔软。动起来轻飘飘的。按着那边，这边便动了，按住这边，那边又散了。要弄出形状，必须用抹子按压，但按下去又会留下抹子的痕迹。必须平滑地操作抹子才能做好。

在与不听话乱动的灰对峙期间，我脑海中没有出现任何关于截稿日、人际关系的烦恼，以及对将来的不安等念头。只是一门心思想着，怎么才能把这些灰的斜面抹平滑，怎样才能把这座山峰变得锐利……

总是不间断地被周围事物干扰、来来去去无法平静地集中于一点的心此刻停止了。我以孩童时代抓蜻蜓时的全神贯注与眼前的灰周旋着。

“怎么样，完成了吗？”

两个小时转眼就过了。灰形虽然离完成还有很远的距离，但这也已经是我尽力的结果了。

“呼——”

我挺直脊背，无意间回头看向庭院的方向时，突然讶异了。咦？不知何时竟然下起雨了吗……因为澄澈的空气中，一片片树叶令人惊叹地熠熠发光……

“请依次取食果子。”

揭开眼前食盒的寺岛太太双眼发光，叫道：

"呀，是味噌松风！"

味噌松风，是一种乍看会误以为是蛋糕的海绵状烤制点心，也是从江户时代延续至今的京都老店的名牌糕点。

将西京味噌与小麦粉、砂糖混合搅拌，用炭火烤制而成，恰到好处的黄褐色表面散布着黑色的芝麻粒。

因为是纯手工制作，一天能做的数量有限，所以本来只有在京都才能买到，就连预约也是全满的日子居多，所以只要听闻有谁要去京都，老师便会说：

"拜托，帮我买些味噌松风回来吧。"

这种情况很常见。

"有人到京都去了吗？"

"嗯，昨天过去参加了茶会。"

"呀，老师去的吗？当日往返？"

听着这样的对话，我将味噌松风送入口中。味噌的香气涌入鼻尖，微硬的海绵状点心糯糯的，带有甜味和自然的咸味。

沙沙沙沙……

萩尾太太振动茶筅，在碗中画"の"字结束了点茶。

今天的茶碗也从夏季茶碗换成了碗体较深之物。揭开略带

秋野之枣

紫红的溜涂[1]“枣”盖时，盖子内侧秋日花草的莳绘映入眼帘。

“今年的风炉季节也快结束了呢。”

“真是太快了。下个月已经要用炉了……”

1. 溜涂：一种漆涂工艺。以朱漆、青漆等为底漆，再以木炭消去光泽，最后在表面涂一层透漆。

再次回到

冬之章

立冬 ［十一月七日前后］

椿花呀！

出门购物的途中，从公园旁经过。上周路过的时候，红叶才刚开始染色，今天还没走近，就已经闻到落叶的香气了。樱树的叶子从黄到橙，又变成鲜红色凋落。春天是以樱花绽放拉开序幕的，秋季红叶也是以樱树叶子为首开始变红的。

老房子的墙垣处开始有白色与粉色的山茶花盛开。每年此时，沿着这条墙垣走过，都会自然而然地脱口唱出童谣《篝火》。尤其是那句“北风噼——噗——”[1]，我很喜欢。

---

1. 这首歌一共三段，本段的歌词是：“墙角，墙角，拐弯处，篝火呀，篝火呀，烧落叶，烤火吧，烤火呀，北风噼——噗——地刮着。”

星期三，晴。小阳春天气。

午后，我比平时提前出发前往茶道教室。

前面曾写过，“开始学习茶道以来，对我而言，每年都会有两次正月”，这两次，是指元旦开始的正月和初釜日。

……但实际上，准确地说，正月一共有三次。

今天，就是那第三次的正月。教室里已经变成了冬季的布置，风炉也换成了炉。今天就是所谓的“开炉”日。

开炉，是茶道中的一年之始，这一日要开始使用当年摘下的茶叶“新叶”。因此茶人们将开炉日称为“茶道的正月”或“茶人的正月”。

一般说来，新茶的季节都在初夏，但抹茶要将新茶加工后封存在茶叶罐里，等待香味溢出。就像把红酒放进木桶里窖藏，等待其成熟。

过去的茶人，据说会在开炉日招待客人，举行配餐的正式庆祝茶会，并在当场将新茶开封。

如同侍酒师打开红酒的木塞那样，茶人会打开茶叶罐的封口，取出新茶，将其用茶臼碾碎成抹茶用以点茶，并款待客人。这叫作“开封茶会”。

如今，新茶大都是在茶叶店购买，不会再真正地打开茶叶罐的封口了。这一天也不会像初釜日一样进行盛大的庆祝，课堂与平日无异。

不过，在开炉之日打开老师家的大门时，会在当下那一瞬间，从紧张的氛围与炭的气味中感受到新的开始。

远处传来蹲踞处的潺潺水声。洒过水的玄关三合土地面整齐摆放着一双双草鞋。

纸拉门被室外的阳光映得发白，教室里被柔和的光照亮。

壁龛处的挂轴上写着：

“鹤宿千年松”。

鹤、松、千年，排列的都是喜庆的文字。

此外，挂在装饰柱上的花瓶里，孤零零地插着一朵白色椿花的花蕾，十分引人注目。即将绽放的饱满花蕾那未被污染的白，与泛着光泽的叶片那清凉的绿……

我无法将视线从那朵花上移开。

“老师，这朵椿花是……”

“初岚哦。都说开炉日配白色的椿花最好。”

多美啊。圣洁无比的白色……一朵花的气质，完全支配了整间屋子的氛围。

"好漂亮……"

"果然，茶室里还是要配椿花呀。"

"……不过，武士不是因为它的花头会'啪嗒'一下掉落而忌讳椿花吗[1]？"

"是啊是啊，所以我在学习茶道以前，一直都很讨厌椿花呢。"

是啊，我小的时候也讨厌椿花。理由虽然也有花头掉落象征不祥，但更主要的原因是，椿花是种随处可见的庭院植物，一点也不稀奇。比起玫瑰那西洋风的豪华感，椿花显得土气而过时，让人感觉老套且腻味。开败之后变成锈色，在树丛旁枯萎的模样也让当时的我十分讨厌……

然而，开始学习茶道之后，一到使用炉的季节，装饰在壁龛处的茶花大都是椿花。我因此看了各式各样的椿花，听了许许多多的名字。

"怎么样，很好看吧？椿花可是茶花里的女王哦。"

听着老师的话，我不禁想：

（又是椿花啊……）

---

1. 椿花掉落时是整朵花"啪嗒"一下脱离枝头，很像人头掉落的样子，所以有"断头花"之称，被视为不祥。

而且这次用来装饰的还是花蕾，微微开放的姿态被视为美。盛开的花反而不会用。

（为什么不用已经开了的花呢？）

我每次看到椿花的花蕾，都有种美中不足的感觉。

这样的我，却成了椿花的俘虏……

有一段无法忘怀的记忆。那件事发生在我三十五岁左右。一天，我在电车上看到眼前的广告里有一幅放大后的椿花照片。

是红色的野椿。我无所思地望着那幅照片发呆。

厚实的叶片明艳地弯曲着，绽开成筒状的花色，是红绸和服内衬那样的绯红色。那朵花的中心，盛着一支王冠似的黄色雄蕊。

那天我到底看了多久呢……从质朴绽放的花中，感受到了鲜明强烈的美。

那朵野椿像是在朝我逼近。

突如其来地，背上起了一层鸡皮疙瘩。

心想：

（啊，也许回不去了……）

下个瞬间，我已经变成了与前一秒不同的我……

那以来，每次看到椿花，我都会不由自主地停下脚步。它

野椿

也不再是土气而让人腻味的花了。

椿花是茶席上的女王。其中我喜欢的是“白玉”和“加茂本阿弥”这类大朵的白色花蕾。将开未开，微微能窥见花蕊的花蕾的纯洁之姿，几乎令人忘记呼吸。

鲜红的野椿也很好看。看到凋零的花落在绿色苔藓上的画面，想起往昔欧洲人将椿花称为“日本的玫瑰”，椿花作为歌剧《椿姬》中女主角所爱之花也曾红极一时的事。所谓亚洲之美，或许就是这样的吧。

炉中燃烧的炭毕剥作响，略有些呛人的味道钻入鼻腔深处。房内一下子暖和起来……

开炉之日的果子，大都是带有无病消灾、远离火灾等寓意的亥子饼。但这一天，老师亲自从厨房用托盘端了碗出来。

“我试着煮了红豆汤呢。你们快尝尝。”

那年糕豆沙汤并不过分甜腻，味道清爽，红豆的口感也很好。

雪野小姐点了浓茶。

过程十分安静。

水从茶碗中倒入建水时，最后一滴的“啪嗒”声十分清脆。

雪野小姐手中的褐色茶罐像蜷缩成一团的小麻雀一般可爱。从茶罐的小口里，用茶勺郑重地舀出抹茶，放入萩烧茶碗里堆成小堆。

打开锅盖，用长柄勺从弥漫升腾的白色热气中盛上满满一勺沸水，咕咚咕咚倒入茶碗中，水量至茶碗的一半。接着，用茶筅将抹茶和沸水混合，慢慢悠悠地开始搅拌冲点。

不经意间，一股鲜烈浓茶香气弥漫开来……

小雪 ［ 十一月二十二日前后 ］

冬之音

星期三，晴。

“门前堆了好多落叶呀。”

吃早饭的时候，母亲对我说。扫到一处后，用大号垃圾袋装了满满两袋。

昨晚的“秋风一号”声势浩大，一整晚，窗户都在嘎嗒嘎嗒作响。或许是风把尘埃都刮跑了吧，今早的空气十分干净，天空蓝得清澈而透明。

整个上午，我都在二楼撰写即将截稿的文章，午后出门去上课。因为天气寒冷，便裹了条大号的长围巾在肩膀上。

道路两边的落叶既有被吹作一堆的，也有铺散在整条道上的。

时而宽，时而窄，落叶的小径向前延伸，踩上去沙沙作响。

一走进老师家的大门，庭院里的柿子树便映入眼帘。叶片全都掉光了，树枝高处仅剩一颗果实。那个柿子熟得就像夕阳的颜色，简直是黑白照片里唯一的彩色。

“为了祈祷来年也能结果，要在树上留下一两个柿子。这叫作‘守木’。”

曾几何时，老师这样说起过。我喜欢“守木”这个词。

课程正要开始。壁龛处的挂轴上写着：

“开门多落叶”。

老师先于我们说道：

“因为没有好好打扫，我家门前就和这挂轴里所写的一样呢。”

语毕，笑声四起。

“我家也是。”

“毕竟是刮风的日子，扫也好，不扫也罢，其实都一样呢。”

老师提高声音说道。

放在壁龛处的竹制花瓶里，插着白色的椿花花蕾与变得通红的鼠刺叶。那白与红的对比十分醒目，是属于冬日的华彩。

“好了，下面由哪位来起头呢，从炭点前开始？”

“萩尾太太，请吧。”

“……好。那就容我献丑了。”

夏日，为远离火源和热气，会把风炉置于房间角落里，但冬天是“火的季节”。炉的位置靠近房间的中央。炉是在地板下挖出的小地炉模样的东西，里面盛有灰，放置着支架，正中燃着火种。放在支架上的锅里装满了热水。

萩尾太太手持装着新炭的炭筐，开始了炭点前。

架在炉上的锅被取下后，客人们一齐起身，围坐到炉边看向炉中。

炉里的火种像夕阳一样燃着橘色的火光……

茶道中使用的炭是栎木制成的。栎木的炭断面有放射状的裂痕，看起来就像菊花纹。那黑色的炭烧得红红的，一旦烧尽，便会化作白色的灰烬。

不过，即使变成白色，断面也仍然保持着菊花的纹样，直到最后一刻都很美。

烟与炭的气味飘来，让人感觉置身于山中小屋。大家肩并肩，一起凝视着燃烧的炭火，就这样，彼此之间心的距离拉近了，情绪也变得高昂起来。

底火周围续上了新炭。这炭也有夏冬之别。比起夏季用的，冬季的炭尤其粗大。这是为了在寒冷的季节里让火力变强，并长时间燃烧。我们现代人只需要一个开关就能调节火力大小，但过去的人得靠炭的粗细、长短、燃烧方式等来调节火力。

加入新炭之后，客人们便离开炉边，回到自己原本的位置坐下。

……萩尾太太拿着炭筐离开房间时，炉中传来“噼啪、噼啪”的干燥声响。

底火围绕着新炭，是开始燃烧的标志。在炉的季节里，这种声音清晰可闻。

“是冬天的声音呀……”

寺岛太太微笑着说。

只要听到这个声音，很快，锅里的水便会沸腾，发出“咻、咻、咻——”的松风之声，每每此时揭开锅盖，都能看到打转的白色热气。

炭点前的最后，是轮流鉴赏香盒。今天的香盒与平日里见惯的不同，是别有意趣的陶瓷器，个儿很小，形状圆溜溜的，像某种果实。盖子上附着的枝干与四瓣膨胀的果肉，总让人感觉似曾相识……

到底是什么果实呢？虽然没想起来，却不知为何觉得有一丝甜甜的香味飘来。

“请问窑元[1]是？”

“这是 Songhulu 的仿造品，名为‘柿香盒’。”

萩尾太太答道。

Songhulu，是源于泰国一种名为“Sangkhalok”的烧物的舶来品茶道具之名，汉字写作“宋胡录”[2]。

（啊……）

我不禁拍了拍膝盖。突然想起一种东南亚的水果。

莽吉柿[3]。

从未见过莽吉柿的往昔茶人们，是将这种舶来的陶瓷器比作了“柿子”，才称其为“柿香盒”的吧。

---

1. 窑元（窯元）：指烧制陶瓷器的地点或人。
2. 宋胡录，泰文写作 สังคโลก，13 世纪在中国陶工的帮助下诞生，14—15 世纪频繁输出，并经过中国商人之手传入日本。原本是指一种在素烧陶器上施灰釉、铁绘等做装饰的带盖容器，后来泛指泰国输入的所有烧物。
3. 莽吉柿：即山竹。因后文与“柿”有关，故取此译。

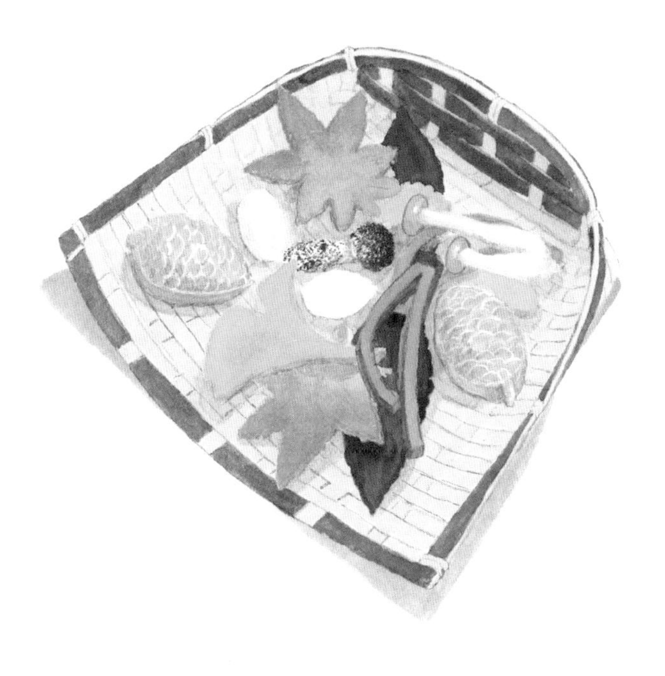

落叶什锦点心

“真是难得一见的香盒呀。承蒙招待。”

正客寺岛太太寒暄道，老师闻言道：

“我说，你们呀，对道具的称赞方式还需要多多练习才行哦。想要有所进步，就得累积茶会次数才行。”

“茶会次数？”

“没错。连续不断地参加茶会，观摩主人与主客之间的对话交流，以此作为参照学习。然后，自己也试着充当正客，不要害怕丢脸。那也是一种学习呀。”

“学习”这个词，让我想起一位优雅的老妇人。曾经，我与表姐一同被领着参加茶会之时，听见那位老妇人与老师交谈完以后说：

“好了，我要去参加另一场茶会啦。学习真是太让人开心了。”

语毕，她便离开了。

其后又过了几十年。但我感到自己仍未触及学习的真谛。

纸门拉开时，冷空气“嗖”地钻进室内，柔和的阳光照在膝盖旁的榻榻米上。光线所达之处又深了些。

沙沙沙沙……

每当锅盖打开，都有白色的热气蒸腾而出。

很快到了下午四点，室外已经暗下来。

那一晚，打开窗户，空气很冷，夜景清晰可见。终于，长夜漫漫的季节开始了。

天气预报说，明天北海道会有大雪。听说这是今年最早到来的“冬将军”。

大雪 ［ 十二月七日前后 ］

虫蛀的照叶[1]

星期三，早上冷得更厉害了。

一打开窗帘，就看见以冬日晴空为背景、银装素裹的雪白富士山。明明隔着上百公里的距离，今天早上却连山脊线都清晰可见。果然，富士山在冬天最美。

进入十二月后，因为年末、年初要放假，截稿日也提前了，我慌慌张张地被工作驱使着向前，时间就这样一天天过去了。

---

1. 照叶：指秋日草木变红，在光照下美丽辉耀的样子；也指这种红叶。

写完的稿子怎么看都不满意，心烦意乱地琢磨是这样写比较好呢，还是那样写比较好。虽如此，当截稿日到来时，心中的纠结还是会告一段落。今年年内还要赶好几个截稿日，每天都不安得想逃跑。

午后，像是为了要逃离这种日常似的，我穿着居家服就去了茶道教室。

老师家门口停着一辆轻型货车。园艺师傅刚好打理完庭院，对屋子里喊道：

“太太，我的工作干完啦。”

院子里就像刚剪完头发的脑袋一般清爽整洁，做好了迎接正月的准备。

用石造洗手盆里的冷水清洁双手时，我望了望庭院，花丛里的草珊瑚结满了浑圆的红色果实，向阳处的水仙也开花了。

进入教室后看向壁龛，那一瞬间，心生感叹：

（啊……）

备前烧的花瓶里，插着白色的椿花花蕾与蜡瓣花的照叶。

所谓照叶，是指因寒气而变红的枝叶。从晚秋到年末，都会拿一枝装点在椿花旁。

至今为止，我已看过吊钟花、金缕梅、山茱萸等大量照叶，却在看到那枝蜡瓣花照叶的瞬间心生触动。

冬日的枝叶枯萎凋零，瘦弱弯曲的细长枝干尖端只残留着一片被虫蛀过的叶子。

那片叶子黄中泛红，是因为最近几天急剧降温吗？叶片边缘一圈晕染般变成了红色。

此前，我一直以为照叶应该使用变色后的漂亮叶子，没想到被虫蛀过、毫无绿意的叶子也很好看啊……

自然创造出了这样的艺术品。我一动不动地凝视着那照叶，将它放在眼前，烙在心间。

此外，我也再次为从无数枝叶里挑选出这一枝的老师的审美而感动不已。无论是百花缭乱之日，还是冬季草木枯黄之日，若是能从无限的草木中找出这样一枝，这世界便是美的。

从无限之中，选择什么呢？所选之物决定了一个人的世界……

“已经到了这个季节了。”

寺岛太太的声音让我猛然回过神来。

将视线撤离照叶，移向挂轴：

“岁月不待人”。

“怎么样，很适合腊月吧？”

老师微笑着说。

“今天是台天目，由哪位先开始呢？”

“台天目”，是指使用名为天目茶碗[1]的贵重茶碗点浓茶。又叫“许可之技”，唯有获得证书许可的人才被允许在课上进行。星期三来上课的学生全都取得了证书，但今天由我第一个进行点茶。

“请多指教。”

我向大家致意后进了水房，但心理准备还没做好。这几年的课上没练习过台天目。本来打算在水房做准备工作时好好回忆一番，却想不起细节。

在年末被工作进度追赶的慌乱中，今天从头发到衣着都很随便，就这样跑来上课。外观和内心都未整理好的这样一个日子里，竟然要进行比平时更让人紧张的许可之技……

今天的点茶肯定会比以往更加出糗吧。即使如此，今天也

---

1. 天目茶碗：原本是指中国福建省建窑的建盏，镰仓时期传入日本，后来有了仿制品。在茶道中配合天目台（放置天目茶碗的盏托）使用。

白椿配照叶

须以今天之我的状态去完成。

深深呼出一口气，打开纸拉门。我心中已经不再想着绝不能出错之类的事了。唯有手淡淡地动作着。

途中，老师说：

“嗯，这个地方稍微再慢一点比较好。”

但她只说了这一句。

不烦恼，不迷茫，令人惊异的是，点茶就这样顺利地进行了下去……

话说回来，从前我也曾有过特意穿好看的衣服，整理好发型，意气高昂地前来上课的日子。那时无论是工作还是人际关系，都顺风顺水。

“很好，今天一定要进行一次完美的点茶。”

这样想着，信心满满地开始了点茶。然而却从一开始就栽了跟头。其后越是想要挽回，便越是会接连不断地犯下更多错误。

“这样不行啊。已经不是第一次了，不是吗？”

如此，被老师训斥过。

但另一方面，在我情绪和工作都极其不顺的日子，却不知为何能流畅地完成点茶，从中获得慰藉。

明明是同一个东西，却互为表里。有时候我会觉得，人生与点茶，就像是硬币的两面。

而且点茶这种事，即使立志做得完美，也未必就能实现，反倒是当日当时无欲无求地为自己而活，哪怕没有这个企图，或许也能触手可得。

“天黑得越来越早了呢。”

“离冬至还有些日子，日落时间会越来越早哦。”

类似的谈话传入耳中，心却并不为之所动。虽然处于同一个空间，在点茶的时候，却像是有一道看不见的窗帘将自己分隔开来。

“冬至一到，很快就是初釜了哟。”

“年纪又要长一岁了呢。果真是‘岁月不待人’啊。”

回家路上，天已经黑透了。虽然冷得厉害，心情却很惬意。

空气干燥，眼睛润泽，商店街的灯光看上去很辉煌。

冬至 ［ 十二月二十二日前后 ］

结束即是开始

星期二，晴。

截稿日近在眼前时，我终于写完了稿子。披上大衣，出门去邮局寄东西，回来的路上，顺道去了公园的池塘。

昨日的寒风把行道树都刮得光秃秃的。抬眼望去，一根根树枝就像在朝着晴朗蓝天伸展枝丫。

那纤细的枝头，冒出了许多小小的新芽。……说起来，以前老师曾经在壁龛处装点椿花与照叶，并说：

“照叶只能在年末以前使用。一旦进入新的一年，就该用发芽的树枝了。”

虽然都是树枝，但照叶意味着终结，新芽意味着重生。

从晚秋到入冬，树叶凋零，草木看似与死无异，但实际上，它们都在暗暗地为第二年春天的重生做准备。

人也与草木相同，进入新年后，就该让心向着崭新的春天生长，是这么一回事吧。

空无一人的池塘里映着蓝天，两只肥肥胖胖的斑嘴鸭悠闲地游着泳。

直到来年春天，这一带重新被新绿覆盖以前，这池畔的时光想必都会在寂静中流逝吧……

路过便利店门前时，看到三位圣诞老人聚在一起，手持罐装咖啡，像是在开什么磋商会。

“那就拜托啦。”他们举手致意后便散去。

圣诞节临近，圣诞老人们也忙了起来。

星期三，晴。

午后，我出发前去参加年内最后一次茶道课。

流淌着圣诞颂歌的商店街中，昨天见过的一个圣诞老人正在向经过的行人们派发传单。干燥的风把一张传单吹走了。

走进老师家的门后，气氛便不一样了。

年末的忙乱并未波及这里。

打开玄关的门，蹲踞处潺潺的水声传入耳中，与平日无异的和缓时间在这里流淌着。

我呼地从胸中吐出一口气。

今年的壁龛处也挂着那幅挂轴：

“先今年无事芽出度千秋乐”[1]。

一年的最后一天，都会挂这幅挂轴。

每年看到它，便会自然而然地泛起微笑，心想：

（啊，又见到这句话了呀……）

这一年是平稳顺遂也好，狂风暴雨也好，生活一帆风顺也好，不尽如人意也好，总之是平安无事地迎来了最后一天。我想为此而开心……

心境也变得豁达起来。

果子被端上来了。

---

1. 先今年无事芽出度千秋乐（まず、こんねん、ぶじ、めでたく、せんしゅうらく）：这句乍看都是汉字，实为汉字与日语发音的假借汉字共同组成。意为“总之今年也平安无事地度过了，可喜可贺的年末之日”。

"请大家轮流取用果子。"

我郑重地接过放在眼前的漆器食盒，轻轻打开盖子后，一股淡而清爽的甜香味钻入鼻腔。

"啊——好可爱啊！"

"哇——是柚子[1]馒头呀。"

黄色的小馒头表皮上是星星点点的孔洞与坑洼，柚子蒂以白豆沙馅儿为主料做成了黄绿色。

"啊，是'长门'那家店的……"

我想起来了……刚开始上茶道课的那年岁暮，老师特意出门到日本桥的老店里买了这种柚子馒头回来，招待我和表姐。年少的我们开心得嘎嘎直叫，说着"好好吃""好可爱"，老师却责备道：

"别那么高兴啊！你们这样，我不是又得出门去买了吗？"

不过，那以后，每到年末，老师时常会拿出这种柚子馒头给我们。

用手掰开，柔和的柚子香飘来。

---

1. 日本的柚子与中国常见的柚子不同，是一种柑橘类水果，表皮颜色近似柠檬。

捏起一块放入口中，馅子的甜与柚子皮的风味混合在一起，口腔里弥漫着幸福的滋味……

“说起来，今天是冬至呀……”

“哎呀，还真是。据说冬至这天，泡澡的时候放些柚子进去，能让人不感冒哦。”

午后倾斜的阳光从檐廊照入了房间最深处，投射在正坐着的我们膝上。

日照时间越来越短了，这里是太阳一年的终点。

并且，以这里为起点，日照时间从第二天起会一点点变长，新的一年就此开始。

“结束”也是“开始”。

道具被搬出来，纸拉门轻快地合上，浓茶的点茶开始了……

冬季的点茶，时而需要从一轮插花瓶[1]似的勺托[2]里取出柄勺，时而需要将盖托横向放倒，很费功夫。通过这些耗时的功夫，将倒入热水后的茶碗慢慢温热。

“咻——”

1. 一轮插花瓶：只插一朵花的花瓶。

2. 勺托：由花瓶转变而来，放置柄勺或火筷的瓶状器物。

柚子馒头

锅里发出声音，整间屋子都像被羊绒包裹起来一样暖和。

“在密闭的屋子里静听松风真舒服啊。”

“所以我喜欢炉的季节。”

大家轻轻交谈的声音传来。

聆听着“咻——”的声音，望着点茶人的动作，便能在自己的内心中央缓缓就座。

大家轮流传递着厚厚的深茶碗，喝完了那盏点得十分醇厚的浓茶。

舌尖残留的柚子馒头的甜味，与浓茶的深邃之味混合在一起，让人回味无穷……

浓茶之后，薄茶的点茶也结束了，这时，叮咚一声，玄关的门铃声响了。

“啊，是荞麦面送来了。谁来帮下忙。”

老师直起身子时，雪野小姐和萩尾太太小跑着奔向玄关。

从几年前起，一年里最后一个上课的日子，老师都会为我们点荞麦面的外卖。大家将矮桌搬进上课的房间里，围坐在一起，互相致意：

“今年也承蒙关照了。明年还请继续细水长流地指教与关照。”

接着便开始吃荞麦面。

一边吸着面条，一边谈论初釜日的座位顺序和炭点前之事。初釜日的炭点前，一般是由那一年干支出生的“年女”[1]来完成。

“明年的年女是？”

“是我。”

寺岛太太举起了手。

“这次炭点前大概也是我的最后一次了。十二年后我就八十四岁了。大概已经完不成了吧。”

“不过，若是直到八十四岁也仍能继续练习茶道，就真的很厉害了呢。”

“是啊，一起加油吧。”

就这样，在一年的开头与终结时分，我们以干支的十二年为刻度，观望着人生侃侃而谈……

吃完荞麦面，匆忙收拾整理完之后，大家向老师打完招呼便离开了教室。纷纷说着“过个好年”，在大门前道别。

---

1. 年女：适逢本命年的女性。

漆黑的夜路上，寒冷的腊月之风呼啸而过，夜空中，猎户座的三颗星星闪烁着。

圣诞结束后的第二周，我又在车站前的邮筒旁看见了那个一边烤火一边卖门松的人。

每年这个时候，只要有卖门松的人出现，街区里便开始飘荡出岁末的气息。

电视里播放着返乡高峰、出国高峰的新闻，说“今年余下的日子，还剩三天”。

大约从这时候开始，星期几的感觉慢慢消失，朦朦胧胧的“年末年初”开始了。

我收拾好了房间角落里乱七八糟堆积的杂物。

整理了杂志报纸堆成的小山，用吸尘器扫除，又将蒙尘的玻璃窗擦拭干净后，看见刚刚日落的天空中浮现金色的云朵。

将镜饼摆上供台，在门口立好门松。

翠绿的松叶上，松脂的气味清爽宜人……

后记

前些日子，老师在看我点茶的时候说：

“你把刚才那个地方重新做一次。刚才手放反了哦。”

“好的。”

我答道。同时重做被老师纠正的动作，不由得笑了……

二十多岁的时候，每次一举手一投足都会被老师指出错误，还经常被她训斥：“真是错误多得我训不过来啊！”那时候，我很讨厌被老师纠错，心里想着：

（啊，好想早日变得无可挑剔！）

最近，老师再也没有像从前那样斥责我或是纠正我的错误了。这一来，我却莫名生出些寂寞。

久违地被指出错误，听到老师说“因为我一直看着你”的时候，心想：

（原来老师可以永远都做我的老师啊……）

便心生眷恋，一边开心，一边又感慨起来。

武田老师在我迈入四十岁大关之后，曾数次建议我“试试教授茶道吧”。然而，我一边做着靠文字过活的工作，对教学生这件事始终无法下定决心，最终也没有收徒弟，就这样到了如今。其实，工作只是个借口，真正的原因是，我想就这样每周一次到武田老师家里上课，永远只做个学生，这才是我的心声。

从来不曾独当一面，也没能将老师用心教给我的茶道传授给某个徒弟，对这件事，我心中一直怀有歉疚。

学习茶道二十五年多的时候，我写了《日日是好日——茶道带来的十五种幸福》这本书。除了茶道，从不曾提及其他话题的老师读完后对我说：

“一想到你对我教的东西竟有如此感触，就几欲落泪。”

闻言，我胸口发热，激动不已。

那时候，虽然我没有成为教授茶道的老师，却希望通过这本书，将我所学的茶道传递给读者。

学习茶道刚好满四十年的时候，制作人吉村知己先生向我提出了将作品电影化的建议。听说导演是大森立嗣，主演是黑木华小姐，武田老师的角色由树木希林女士饰演，我对这顶级的阵容惊讶不已。

此后，配合电影《日日是好日》的公开，我开始执笔写作这本《日日有好事》。五十多岁时花费多年记录下来的笔记成为这本书的基底。

这是关于茶道课的记录，也是关于四季流转的记录。写完以后自己一读，发现每年、每个季节所写的一言一语中，有不少是怀抱着毫无二致的情绪来叙述的，于是我再次深刻意识到，季节与人心是一体的。

虽说人生里有各种烦恼，但对写下这本笔记的五十多岁的我而言，工作曾带给我的深重烦恼也能从中感知。人生过半，正是置身于深林的时期。

其间，每周一次的茶道课究竟给我的内心带来了多少力量，又是如何拯救我于水火之中的呢……对我而言，写作与茶道并非毫不相干的两件事，而像一辆车的两个轮子。并且，将来我也一定会靠这两个轮子继续前进。

在这本书里登场的各位朋友的姓名都是化名。

副标题“像季节一样生活”，使用了制作人吉村知己先生写在电影宣传海报上的话。吉村先生，非常感谢。

执笔过程中，受到《日日是好日》的编辑岛口典子小姐的再次关照，多亏有她在背后鞭策与激励我。岛口小姐，非常感谢。

谨在此对参与本书制作的诸位表示感谢。

另外，还要对一直以来支持着我的朋友们致以由衷的谢意。

平成三十年[1]秋

森下典子

1. 即2018年。

图书在版编目（CIP）数据

日日有好事 /（日）森下典子著；熊韵译．-- 北京：中国友谊出版公司，2021.1

ISBN 978-7-5057-5078-4

Ⅰ．①日… Ⅱ．①森… ②熊… Ⅲ．①茶文化 - 日本 Ⅳ．① TS971.21

中国版本图书馆 CIP 数据核字 (2020) 第 227729 号

书名 日日有好事
作者 ［日］森下典子
译者 熊韵
出版 中国友谊出版公司
发行 中国友谊出版公司
经销 新华书店
印刷 三河市嘉科万达彩色印刷有限公司
规格 880×1230 毫米 32 开
6.75 印张 109 千字
版次 2021 年 5 月第 1 版
印次 2021 年 5 月第 1 次印刷
书号 ISBN 978-7-5057-5078-4
定价 49.80 元
地址 北京市朝阳区西坝河南里 17 号楼
邮编 100028
电话 （010）64678009

如发现图书质量问题，可联系调换。质量投诉电话：010-82069336